21世纪学前教师教育系列教材

总主编　朱家雄

学前儿童心理健康与教育

周念丽　编著

中国人民大学出版社
·北京·

前 言

本书能作为中国人民大学出版社“21世纪学前教师教育系列教材”中的一本出版，实属荣幸。从接受邀请到撰成此书，经历了漫长的过程，个中甘苦自知。

关于内容的选定。全球已进入所谓的“焦虑时代”，学前儿童的心理健康比任何时期都重要。然而选题易定内容难，迄今为止，诸多的心理咨询和临床心理学都聚焦于成人，较少面向儿童，特别是学前儿童。在参考资料较少的情况下，为使教材更有针对性，我们通过大量阅读和对现实的思考，将内容分为“概述与分析”、“现象与解析”和“教育与教育干预”三大篇。第一篇旨在让读者对学前儿童心理健康的独特性和艰巨性有一个概览性的理解；第二篇通过对学前儿童在行为和情绪上常见的异常表现进行条分缕析，让读者能通过对学前儿童外在行为的解读，找到深藏其背后的原因；第三篇着重于阐述教育干预方法，让学前儿童教师初步了解和掌握。

在撰写本书的过程中，我得到了昔日的研究生乔环之、许璐颖同学在补充文献等方面的具体帮助。同时，在无数个深夜依然敲击键盘的时刻，有我的先生张增水和女儿张瀛舟伴我左右，对此我心存感激！

最后，要特别感谢中国人民大学出版社的编辑们，她们为本书的出版做出了贡献。

周念丽

谨记于郑州博物院之邻

2018年4月28日

目 录

第一篇 概述与分析

第一章 学前儿童心理健康概述 …… 3
第一节 心理健康的概念和组织发展 …… 4
第二节 心理健康的特征和判断标准 …… 9
第三节 学前儿童心理健康的意义和内容 …… 13
思考与练习 …… 15
阅读导航 …… 15
第二章 影响学前儿童心理健康的因素 …… 16
第一节 关于健康影响因素的理论 …… 16
第二节 影响学前儿童心理健康的生物因素 …… 19
第三节 影响学前儿童心理健康的心理因素 …… 23
第四节 影响学前儿童心理健康的社会因素 …… 27
思考与练习 …… 34
阅读导航 …… 34

第二篇 现象与解析

第三章 常见的学前儿童心理健康问题 …… 37
第一节 学前儿童的精神压力 …… 37
第二节 与神经性习惯有关的心理健康问题 …… 43
第三节 与情绪有关的心理健康问题 …… 46
第四节 与行为有关的心理健康问题 …… 50
第五节 与语言有关的心理健康问题 …… 53
思考与练习 …… 56
阅读导航 …… 57
第四章 关于学前儿童心理教育的理论分析 …… 58
第一节 关于学前儿童心理教育的三种经典理论 …… 59
第二节 关于学前儿童心理教育的几种新兴理论 …… 67
思考与练习 …… 89
阅读导航 …… 89

第三篇　教育与教育干预

第五章　学前儿童心理健康教育与教育干预 …… 93
第一节　学前儿童心理健康教育的内容 …… 94
第二节　家庭、托幼机构和社会心理健康教育 …… 96
第三节　托幼机构开展心理健康教育的途径和方法 …… 98
思考与练习 …… 123
阅读导航 …… 123
第六章　学前儿童心理健康教育干预方法 …… 124
第一节　学前儿童心理教育的特点 …… 125
第二节　心理学教育干预方法 …… 130
第三节　针对学前儿童心理问题的教育干预方法 …… 149
思考与练习 …… 170
阅读导航 …… 170

参考文献 …… 172

第一篇

概述与分析

第一章

学前儿童心理健康概述

本章导读

对学前儿童而言，能够健康成长是最重要的。健康包括身体健康和心理健康。本章第一节将从大健康的概念探讨健康、心理健康的定义以及健康和疾病的关系，介绍国际心理健康组织的缘起及其在国内外的发展情况；第二节将重点阐述学前儿童心理健康的主要特征和标准；第三节将探讨心理健康对学前儿童的特殊意义。

案例观察

案例：嘟嘟原本是个聪明活泼的小男孩，特别喜欢与人交流，可是到了 3 岁却拒绝上幼儿园。因为一开始爸爸妈妈送他去幼儿园时，总告诉他马上就回来，可是嘟嘟等了一整天也不见爸爸妈妈的影子。被爸爸妈妈强行送入幼儿园后，嘟嘟虽不大声哭闹，但总一个人玩。老师不喜欢看到一个总是哭丧着脸、不合群的孩子，所以也不对嘟嘟多看一眼。因此，嘟嘟每天在幼儿园都自己一个人晃来晃去，看见老师和小朋友也不理不睬。回家后，嘟嘟也只黏奶奶，不让爸爸妈妈抱。

分析：案例中嘟嘟的表现反映出其内心缺乏安全感。由于年幼，学前儿童主要依靠抚养者的言行来建立对周围世界的信任感和安全感。嘟嘟的爸爸妈妈为了使孩子能适应幼儿园生活，编造了善意的谎言，殊不知学前儿童无法识别真伪，无法洞察爸爸妈妈的良苦用心，只觉得爸爸妈妈是在欺骗自己。他们经历数次这种情况之后，就会失去对爸爸妈妈的信任。当这种不信任感弥漫以后，他们就会难以主动靠近他人。

当老师不能很好地解读学前儿童内心的不安，不能及时去抚慰他们时，会让他们有雪上加霜的感觉，因此，嘟嘟幼小的心灵就被不安的感觉所笼罩。

从这个案例可以看出，在日常生活中与学前儿童最亲近的成人的一句话、一个行为都会直接影响学前儿童的心理健康，因此，呵护他们幼小的心灵，是每一位家长和学前教育教师的责任。

第一节　心理健康的概念和组织发展

本书聚焦于学前儿童的心理健康，但只有将学前儿童的心理健康置于心理健康的大背景下加以认识，才有可能对学前儿童的心理健康有全面的了解。与此同时，我们有必要对世界心理健康组织的来龙去脉做简略梳理。

一、健康的概念

为了更清晰地界定健康的概念，我们在这里将分别对健康的含义、健康的标准、健康和疾病的关系进行阐述。

（一）健康的含义

人们对健康的认识是随社会生产力的发展而不断变化的。随着社会的发展和现代科学技术的进步，那种沿袭已久的所谓身体机能正常、没有缺陷和疾病就是健康的观念已经得到更新。

1. 联合国世界卫生组织的定义

世界卫生组织关于健康的定义：健康乃是一种在身体上、精神上的完满状态，以及良好的适应力，而不仅仅是没有疾病和衰弱的状态。

2.《阿拉木图宣言》的定义

1978 年，国际初级卫生保健大会发表的《阿拉木图宣言》提出：健康是基本人权，达到尽可能的健康水平，是世界范围内的一项最重要的社会性目标。

这些观点现已普遍地被人们所接受，并指导人们将健康放在一个更广阔的背景下，从更高的水平上进行认识和考察。这样，不仅能够把握人的生物学特征，而且能从作为一个完整的、受心理因素和社会因素影响和制约的人的更为广泛的联系中去研究健康与环境之间的关系，以促使机体更好地维持内环境的相对稳定，同时与外环境取得动态平衡，使卫生保健的目标、方法和措施更趋合理和完善，并取得综合性的效益。

随着社会的发展，科学技术的不断更新、分化、交叉、渗透和综合以及新兴边缘学科的出现，特别是人类对客观世界认识的不断深化，人们对健康的认识也日趋确切，更符合健康本身的含义。

（二）健康的标准

迄今为止，关于健康的标准莫衷一是，不一而足。在此主要介绍联合国世界卫生组织和我国学者的主要观点。

1. 联合国世界卫生组织的标准

联合国世界卫生组织提出了健康的十条标准，可以分为生理标准、心理标准、社会标准三大类。

（1）生理标准。

生理标准主要从五个方面加以界定：体重适当，身体匀称，站立时头、肩、臂的位置协调；眼睛炯炯有神，善于观察，眼睑不发炎；牙齿清洁，无空洞，无痛感，无出血现象，牙齿和牙龈颜色正常；头发有光泽，无头屑；肌肉和皮肤富有弹性，走路轻松协调。

（2）心理标准。

心理标准则涵盖三个层面的内容：有充沛的精力，能从容不迫地担负日常工作和生活而不感到疲劳和紧张；态度积极，勇于承担责任，不论事情大小都不挑剔；精神饱满，情绪稳定，善于休息，睡眠良好。

（3）社会标准。

社会标准主要有两点：能适应外界环境的各种变化，应变能力强；自我控制能力强，善于排除干扰。

2. 我国学者提出的标准

我国学者根据联合国世界卫生组织的核心标准，提出了与之相应的健康三标准。

（1）生理标准：身体强壮，各系统功能良好且相互协调，通过目前的检查手段不能发现病理改变。

（2）心理标准：心理功能正常、协调一致，主观感觉良好，精力充沛，情绪稳定，应付环境自如，有积极的人生观。除了基本的生存需求外，更需进一步追求美好的生命价值和幸福感。

（3）社会标准：行为符合社会规范，有良好的人际关系，家庭功能和职业功能良好，能享受生活和工作的乐趣。

综上所述，虽然两者都是三个标准，但我们可以清楚地看到，侧重点各有不同。联合国世界卫生组织的生理标准的内涵更丰富，心理和社会标准更强调责任和适应；我国学者提出的标准则更多聚集于生命价值、职业与家庭功能及幸福快乐。但两者都没有将健康仅局限于身体层面，对心理和社会适应给予了同样的关注，且有将健康各方面联系起来作为一个和谐系统来研究的趋势，体现出“健康的本质是和谐”。

（三）健康和疾病的关系

健康和疾病并非如同一块硬币的正反两面，而是人体生命状态的两端，这两端之间存在无数不同的谱级状态。

人们对疾病的认识比对健康的认识要早得多。最初，人们认为疾病是独立存在的实体，与人体是两种实体之间的关系：或是由于巫术的作用，异物进入了人体；或是恶魔、鬼神缠住了人身；抑或是病者失去了生命的本原。对疾病的这类认识是一种本体疾病观。此后，医学逐渐脱离巫术，人们开始形成自然哲学的疾病观，借用当时流行的哲学概论解释疾病的发生、转移和发展，比如认为疾病是人体诸元素之间失去平衡所致，或是因气发生紊乱而产生。随着医学从中世纪神学中得以解放以及自然科学的发展，人们又逐渐形成自然科学的疾病观。从19世纪开始，许多专业工作者强调疾病是机体对致病因子有害作用的一种反应，是机体功能的紊乱。当然，在疾病过程中不仅存在机体受损害和发生功能紊乱的一面，还有机体防御、适应和代偿等生理性反应的一面。

二、心理健康的概念

心理健康概念站在不同角度有不同的界定，在此，主要从两个方面加以说明。

（一）国际组织的定义

1. 国际心理卫生大会的定义

1946年召开的第三届国际心理卫生大会指出：心理健康是指在身体、智能以及情感上与他人的心理健康不相矛盾的范围内，将个人心境发展成最佳的状态。同时，世界心理卫生联合会还明确提出了心理健康的标准：第一，身体、智力、情绪十分协调；第二，适应环境，在人际交往中能彼此谦让；第三，有幸福感；第四，在工作和职业中能充分发挥自己的能力，过有效率的生活。

2. 世界卫生组织的定义

世界卫生组织指出：心理健康是一种健康或幸福状态，在这种状态下，个体可以实现自我、能够应对正常的生活压力、工作富有成效和成果，以及有能力对所在社会做出贡献。

（二）我国的定义

1. 我国古代的定义

关于心理健康的论述，在我国古代医学典籍和其他古代典籍中已有记载。中医学重视精神摄生，即精神卫生，倡导通过摄生养性，达到心身健康和延年益寿的目的。先秦两汉成书的医学经典《黄帝内经》指出："夫上古圣人之教下也，皆谓之虚邪贼风，避之有时，恬淡虚无，真气从之，精神内守，病安从来。"这段文字提出了心理健康的关联因素之概念，指出人们除了应注意气象变化外，还要注意保持情绪愉快和稳定，防止过度的情志变化。中医学关于心理健康的诸多精辟论述，至今对心理健康有指导作用。

2. 我国现代的定义

而在现代，我国学者从各自关注的角度出发对心理健康进行阐释。

（1）从健康三方面的协调来理解。有学者认为，心理健康是指个体在适应环境的过程中，生理、心理和社会方面达到协调一致，保持良好的心理功能状态。

（2）从个体与外部的关系来理解。有学者将个体心理健康的本质理解为个体心理系统的和谐，包括个体内部心理系统的和谐和外部心理系统的和谐。

（3）从心理健康内涵结构的角度来理解。有学者认为，心理健康包括两层含义：一是无心理疾病；二是具有一种积极发展的心理状态，即能够维持自己的心理健康，主动减少问题行为和解决心理困扰。

国际组织对心理健康的概念界定，更多地聚焦于个体的主观幸福感和效率，而我国则更多地聚焦于和谐。这体现出心理健康内涵丰富，可以从多角度进行理解。但国际权威机构和我国学者都认为心理健康与适应、改造社会的能力密不可分，与健康概念里的社会标准相一致。由此可见，促进学前儿童心理健康的目的是保护和增进其心理健康与心理效能，提高其适应社会的能力。

学前儿童由于年龄尚小，自身无法很好地调节心理，因此需通过教育途径，从保育和教育的立场出发，对其行为进行塑造及指导，矫治他们的不良行为，培养他们健全的个性，促进他们智、德、体、美等全面和谐地发展。

三、心理健康组织及心理健康教育的发展

现代心理健康组织的缘起何在？国内外心理健康组织经过了怎样的发展？下面将简单阐述。

（一）现代心理健康组织的缘起

心理健康的思想源于古希腊。皮内尔（Pinel）在1792年提出的废除对精神病人的约束被看作是提倡心理健康的历史起点。然而现代心理健康组织缘起于20世纪初美国人比尔斯（G. W. Beers）的倡导。

1. 一本书的影响力

比尔斯的兄长患有精神疾病，比尔斯因惧怕该病有遗传而焦虑不安，终致其心理失常而跳楼自杀，后经人救起被送往精神病医院接受教育干预。在住院的三年里，他身受当时精神病院中种种非人的折磨，目睹了病友们遭受的不可言状的痛苦，于是立志将自己的余生贡献给精神病人，并终身从事预防精神病工作。病愈出院后，他将自己在精神病院中的所见所闻写成一本名叫《一颗失而复得的心》（*A Mind That Found Itself*）的书，于1908年3月出版。该书一出版就轰动了全美国，引起了社会的极大震动，社会各界人士纷纷要求改变这种不合理的状况，这也得到了当时哈佛大学著名心理学家詹姆斯（W. James）、纽约州立精神病院著名精神病学家迈耶（A. Meyer）等的支持。

2. 心理健康组织的成立

1908年5月，由比尔斯发起，在美国康涅狄格州成立了世界上第一个心理健康组织——“康涅狄格州心理卫生协会”，可以说这是心理健康运动开始的标志。发起和参加协会的人有大学教授、医生、精神病学家、牧师、法官、律师、社会工作者和康复的精神病患者及其家属等。该协会的工作目标是：（1）维护心理健康；（2）预防心理疾病；（3）提高精神病患者的待遇；（4）普及关于心理疾病的正确知识；（5）同与心理健康有关的机构合作。

康涅狄格州心理卫生协会的活动很快扩展到整个美国。1909年2月，在美国纽约成立了“全国心理卫生委员会”。1917年，创办了《心理健康》季刊，广泛宣传心理健康常识，影响很大。此后，美国许多州也相继成立了心理健康协会，心理健康成了美国的一项全国性运动。在该组织的推动下，在随后的20年里，世界许多国家，如加拿大、法国、比利时、英国、巴西、匈牙利、德国、日本、意大利等也纷纷成立了心理健康组织。

3. 国际心理健康组织的发展

2001年世界卫生组织发表了报告《心理健康：新理解，新希望》，再次强调要正确看待心理健康问题，对心理疾病要有新的理解，同时要提升对教育干预的信心。报告提议要准确了解心理疾病是怎样由基因、生物、社会和环境因素共同导致的，理解心理和生理健

康是相互影响的，是不能真正分开的。世界卫生组织提出：被长久忽略的心理健康对个体的整体良好状态是至关重要的，社会和国家必须广泛重新认识这一点。

伴随着国际心理健康组织的发展，国际心理健康活动呈现出以下特点：

（1）政府重视，起步早。

美国学校心理健康教育最早开始于1900年。美国主要采用州立法的形式来支持学校心理健康教育工作，以此来保障这项工作的顺利开展。20世纪70年代以来，美国用于心理健康研究的经费达17亿美元。

日本关注学前儿童心理健康问题可以追溯到1898年《学前儿童研究》的问世。1949年，日本政府专门设置了“中央青少年问题协会”，该协会的成立推动了日本社会对青少年身心健康的关注。

（2）范围广，规模大。

经过多年的发展，目前很多发达国家心理健康组织的规模已经相当可观。在拥有40多个分支学科的美国心理学会中，和心理健康密切相关的临床心理学分会是最大的分支。临床心理学家不仅在精神病院工作，而且在各种综合性医院、公共卫生部门、心理健康诊所以及学校、学前儿童指导机构等都有他们的工作岗位。

（3）手段现代化，形式多样化。

国际心理健康组织在学校开展了一系列心理健康活动，如开设心理咨询室、开设新生心理健康教育干预课程、建立专门网页等。

（4）人员从业严格。

在美国，要从事学校心理教育，就必须有大学文凭和教师合格证书，必须系统学过心理学课程，还要有5年以上的教学经验。在美国和欧洲，从事大学咨询心理学专业或临床心理学专业的教师职业的人必须接受严格的专业培训，从事心理教育干预工作的专业人员必须得到临床心理学博士学位并通过所在州的考试。

心理健康组织在国际上已经越来越受重视，但由于各国经济状况、地理环境、文化传统以及国家的重视程度等的不同，心理健康组织在各国的发展并不均衡，经济欠发达地区以及第三世界国家的心理健康组织还有待进一步发展。

（二）我国心理健康组织及心理健康教育的发展与现状

在国际心理健康组织日趋发展的影响下，心理健康在我国也被倡导并得到了发展。

1. 历史发展

心理健康曾在我国相当一段时间内遭到冷落，心理健康工作的开展主要局限于医疗卫生部门。近些年来，随着社会生产力的发展、科学技术的进步、生活节奏的加快和人们观念的改变，心理健康在我国再度被人们重视。

2. 现状分析

（1）政府更加重视。2001年5月颁布的《国务院关于基础教育改革与发展的决定》明确提出“加强中小学生的心理健康教育”。2004年，胡锦涛同志在全国加强和改进未成年人思想道德建设工作会议上发表重要讲话，强调要关心未成年人的成长，为他们身心健康发展创造良好的条件和社会环境。2016年，习近平总书记在全国卫生与健康大会上指出，要加大心理健康问题基础性研究，做好心理健康知识和心理疾病科普工作，规范发展心理治疗、心理咨询等心理健康服务。《国民经济和社会发展第十三个五年规划纲要（2016—2020年）》《“健康中国2030”规划纲要》都对加强心理健康服务提出了明确要求。为贯彻落实中央决策部署，国家卫生计生委、中组部等22个部门联合印发《关于加强心理健康服务的指导意见》，对加强心理健康服务提出了具体要求。2017年，习总书记在党的十九大报告中提道：“加强社会心理服务体系建设，培育自尊自信、理性平和、积极向上的社会心态。”

（2）研究内容更加丰富。目前，我国的心理健康研究呈现出对象多元化、方法多样化、内容丰富化的特点，心理障碍的神经机制研究、心身交互作用的机制研究、药物与网络成瘾的机制研究、心理健康服务体系的机制研究均成为热点。

（3）与国情民情结合更加紧密。从我国国民心理健康研究的状况来看，研究内容主要包括独生子女的心理健康问题、学生群体的心理健康问题、特殊群体的心理健康问题、职业群体的心理健康问题以及网民群体的心理健康问题。随着我国心理健康研究的不断深化，也给学校心理健康教育带来了诸多启示，主要包括：完善筛查机制，提高心理问题的甄别率；采用多种干预方法，促进学生全面健康发展；提供多方保障，提高学校心理健康服务体系的服务质量。

综上所述，心理健康组织的各项活动在我国方兴未艾，其研究也精彩纷呈。但我们应清楚地看到，学前儿童的心理健康尚未引起全社会的高度关注，每一个与学前儿童有关的工作人员和家长都有必要通过各种方式提高他们的心理健康水平。

第二节　心理健康的特征和判断标准

心理健康的特征和判断标准，是每一个学前教育工作者应该掌握的。

一、个体心理健康的特征

衡量个体的心理健康与否，迄今为止还远不如衡量人体的各项形态和生理指标那样具体和客观。在健康的心理与不健康的心理之间有时难以划分出明确的界限。心理健康状态有各种不同的特征和程度，单一的特征不能被认作心理健康的标准，在世界上不存在任何人在所有的时间内都具备所有健康心理的特征，因而，心理健康只是相对的。

（一）心理健康的特征

国内外的学者们对个体心理健康做过各种表述，由于他们所处的社会文化背景不同，研究问题的立场、观点和方法不一致，至今尚未有统一的意见。

1. 英格利希的观点

英格利希（H. B. English）将个体的心理健康看作是一种持续的心理状态，在这种状态下，个体能做出良好的适应，具有生命的活力，且能充分发展其身心的潜能。

2. 贝姆的观点

社会学家贝姆（W. W. Boehm）将个体的心理健康定义为合乎某一水平的社会行为，

一方面能为社会所接受，另一方面能给自身带来快乐。

3. 斯科特的观点

斯科特（Scott）在考察了文化心理之后，从自我感觉良好的角度提出了学前儿童心理健康的诸多特征，主要有以下十个方面：（1）一般的适应能力；（2）自我满足的能力；（3）人际交往中各种角色的扮演；（4）智慧能力；（5）对他人的积极态度；（6）创造性；（7）自主性；（8）完全成熟；（9）对自己的有益态度；（10）情绪与动机的控制。

4. 人本主义心理学家的观点

人本主义心理学家马斯洛（A. H. Maslow）和米特尔曼（Mittelman）对个体心理健康列出的十条标准，得到了较为广泛的认可。这十条标准是：（1）充分的安全感；（2）充分了解自己，并对自己的能力能做适当的估计；（3）生活的目标能切合实际；（4）能与现实环境保持接触；（5）能保护人格的完整与和谐；（6）具有从经验中学习的能力；（7）能保持良好的人际关系；（8）适度的情绪控制与表达；（9）在不违背集体利益的前提下能最大限度地发挥个性；（10）在不违背社会规范的情况下能恰如其分地满足个人的基本需要。

5. 奥尔波特的观点

心理健康与人格有着密切的关系。人格心理学家奥尔波特（G. W. Allport）提出了心理健康的七条标准：（1）自我意识广延；（2）良好的人际关系；（3）情绪上的安全性；（4）知觉客观；（5）具备各种技能，并专注于工作；（6）现实的自我形象；（7）内在统一的人生观。

6. 我国学者的观点

我国学者认为，人的心理是知、情、意、行的统一体。心理健康是一个人整体的适应良好状态，是人格的健康、全面发展。并由此提出了个体心理健康的八个标准：（1）智力正常；（2）人际关系和谐；（3）心理与行为符合年龄特征；（4）了解自我，悦纳自我；（5）面对和接受现实；（6）能协调与控制情绪，心境良好；（7）人格完整独立；（8）热爱生活，乐于工作。

不同的学者虽然从各自的角度提出心理健康的特征，但总体上可将心理健康的特征归纳为个体对自身认知与能力和与社会及他人关系建设两个维度。在与个体自身认知与能力相关的核心标准中重复率最高的是情绪掌握控制，个体对自我具有良好的意识、形象、能力的知觉，对社会和他人则有适应、建立良好人际关系的能力。

（二）心理健康的判断标准

心理健康的判断标准通常有四个：

1. 统计学的标准

这一判断标准将正常看作为平均状态，从统计学角度强调正常和异常之间的程度变化，处于正态分布中间范围的属正常，居两端者为异常（见图 1-1）。

从这种判断标准来看，正常与异常是相对而言的，其程度可以根据与全体的平均差异来确定，判断的标准比较客观。但是这种标准并非普遍适应的，因为复杂的心理特征或行为在测量时本身并不准确，有些心理特征或行为在人群中并不是正态分布。

2. 病理学的标准

这一判断标准将正常看作不存在心理病理问题。有些临床上的病理症状在正常人

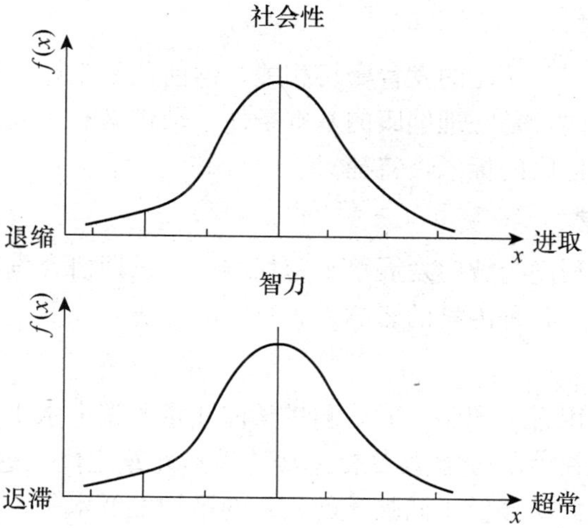

图 1-1　按统计学的标准划分人格特征和智力

身上一般是不存在的。如果某人表现出这些心理病理症状，那么可以判别为异常。这种标准常依据临床诊断以及物理、化学、生理、心理测定指标，因此比较客观。但事实上，任何正常人都可能会有“异常”的表现，尤其是在紧张及发生突发事件时表现更为明显。此外，心理异常的表现形式相当复杂，并不能依据某一诊断或测定指标就确定。

3. 理想状态的标准

这一判断标准将正常看作理想状态，判断的方法是对照各种理想的行为来评估被判断者的行为，异常者在个人生活和社会生活的某些重要方面是不理想的。这种标准正是有些心理学家认定的心理健康的人所应该达到的状态，但实际上没有一个人能完全达到这种标准，因此这种标准也只是相对的。

4. 适应过程的标准

这一判断标准将正常看作一个不断发展进步的过程。在此过程中，心理健康者不断地学习有效的技巧以应付紧张状态。这种判断标准强调变化的重要性，认为健康的人常以各种方式自觉或不自觉地改变行为模式和应付策略，以便更成功地适应环境。如果一个人的行为不能适应环境，就被视为异常。

二、学前儿童心理健康的标志

近年来，人们逐渐改变了传统的“没有疾病就是健康”的观点，而且学前儿童心理健康有其独特性，成人心理健康的界定不适用于学前儿童。2000 年 10 月，在幼儿心理健康开端（Head Start Infant Mental Health）会议上，查尔斯·泽纳（Charles Zeanah）和葆拉·多尔·泽纳（Paula Dyole Zeanah）提出，幼儿心理健康是指在人际关系、生物学和文化的相关环境中适当发展的情绪和社会能力状态。幼儿心理健康的特征是与其身心发展紧密联系在一起的，表现为整个心理活动和心理特征的相对稳定、相互协调、充分发展，与客观环境相统一。学前儿童心理健康主要有以下几个标志：

（一）动作发展正常

动作发展与脑的形态及功能的发育密切相关，学前儿童躯体大动作和手指精细动作的发展水平处于正常范围内，是心理健康的基本条件。动作具有爆发力、有耐力、动作灵活和手眼协调等是其心理健康的标志性特征。

（二）智力发展正常

学前儿童心理健康程度与智力发展水平密切相关。长期研究发现，学前儿童的智力发展水平是可测量的，且受各种因素的影响。

1. 智力的测量

心理工作者通常采用智力测验的方法测量学前儿童的智力水平。个体之间的智力发展水平存在着差异，但是在大部分智力发展正常的学前儿童之间，这种差异并不十分悬殊。如果某个学前儿童的智力明显低于同龄学前儿童的平均发展水平，那么该学前儿童的智力发展就可能是不正常的，其心理健康也会受到影响。

2. 影响智力的因素

智力发展正常是学前儿童心理健康的重要标志，这是因为正常的智力水平是学前儿童与周围环境取得平衡和协调的基本心理条件。智力有各种不同的定义，不少学者都倾向于把智力看作以思维为核心，包括观察力、注意力、记忆力、思维力和想象力等各种认知能力的总和。智力以先天素质为物质基础，在人与环境的交互作用中得到发展。学前阶段是智力发展最为迅速的阶段。但是因先天性疾病、产伤、婴幼儿时期疾病感染等原因所致的脑损伤及早期的社会文化剥夺，都可能引起学前儿童智力障碍，如感知觉和记忆异常、思维水平低下和心理紊乱等影响正常生活的问题。

（三）情绪健康，情绪反应适度

持有积极健康的情绪是学前儿童身心健康和行为适应的重要保证。愉快、欢乐、喜悦等积极情绪能提高学前儿童的活动效能水平，有助于他们保持对社会生活环境良好的适应状态；而愤怒、恐惧、悲伤等消极情绪则会使学前儿童的心理失去平衡，这些情绪的长期积累，还可能使他们产生神经活动的功能失调及躯体的某些病变。

学前儿童的情绪具有很大的冲动性和易变性，也比较外露。随着年龄的增长，学前儿童情绪过程的自我调节有所加强，表现为情绪的冲动性日益递减、稳定性逐渐提高、内隐性逐渐增强。心理健康的学前儿童对待环境中的各种刺激能表现出适度的反应，并能合理地疏导消极情绪。情绪变化过度激烈、情绪反复无常、情绪的表现与内心体验不一致或与外部环境不协调，都是不健康的心理状态。

（四）乐于与人交往，人际关系融洽

与人交往是人类的天性。在人际交往过程中，人不仅能满足各种生理和心理的需要，还可逐步形成符合社会要求的行为方式。虽然学前儿童的人际关系比较简单、人际交往的技能比较差，但是他们都强烈希望通过交往了解别人，也希望通过交往而获得别人的了解、信任和尊重。我国心理学家丁瓒认为，人类的心理适应，最主要的就是对于人际关系的适应，所以人类的病态心理，主要是因为人际关系失调。学前儿童的交往活动是能够反映他们心理健康的一个重要条件，也是他们获得心理健康不可缺少的途径。学前儿童与他

人的人际关系失调常导致他们产生各类的问题。

心理健康的学前儿童乐于与人交往，善于理解别人、接受别人，也容易被别人理解和接受；善于与别人合作和共享，尊重别人的意见，以慷慨和宽容的态度待人。相反，心理不健康的学前儿童对他人漠不关心、无同情心，也容易沉默寡言、性情孤僻，经常表现为不能与人合作，甚至侵犯别人等。

（五）行为统一和协调

心理学家伯纳姆（W. H. Burnham）认为，健全的人格就是统一的人格。随着年龄的增长，学前儿童的思维逐渐变化，有意注意的时间逐渐增加，情绪情感的表达方式日趋合理，对客观事物的态度渐趋稳定。心理健康的学前儿童，心理活动和行为方式能基本处于和谐统一之中；相反，心理不健康的学前儿童，注意力不能集中，兴趣时常转移，思维混乱，语言支离破碎，行为经常出现前后矛盾的现象，自我控制和自我调节的能力很差。

（六）性格、自我意识良好

性格是个性最核心、最本质的表现，它反映在对客观现实的稳定态度和习惯化了的行为方式之中。学前儿童的性格是在学前儿童与周围环境的相互作用中逐渐形成的，一经形成，就具有相对的稳定性。心理健康的学前儿童一般具有热情、勇敢、自信、主动、谦虚、慷慨、合作和诚实等性格特征，对自己、他人和现实环境的态度和行为方式比较符合社会规范。相反，心理不健康的学前儿童会经常与他人和现实环境处于不协调的状态，表现出冷漠、自卑、懒惰、孤僻、胆怯、执拗、依赖等不良的性格特征。

第三节　学前儿童心理健康的意义和内容

本节将围绕学前儿童心理健康的意义进行阐述，并介绍学前儿童心理健康所涵盖的内容。

一、学前儿童心理健康的意义

学前儿童心理健康有着极为重要的意义，主要包括培养健全的人格、增进和维护健康的心理两个方面。

（一）培养健全的人格

学前儿童正处于迅速的生长发育时期。他们虽然已经具有人体的基本结构，但是各器官、各系统尚未完全分化和完善，生理和心理特征与年龄较大的学龄期儿童及成人有很大的不同，对外界环境及其变化的影响比较敏感，容易受到各种不良因素的伤害。对学前儿童施行心理健康教育，须为学前儿童创设和利用有利环境，控制和消除种种不良因素，这样不仅能将学前儿童的行为问题、心理障碍和心理疾病消灭在萌芽状态，更能促进学前儿童在认知、情感、意志和个性等方面正常发展。培养健全的人格能提高学前儿童的社会适应能力，维护和增进其心理健康。

（二）增进和维护健康的心理

许多心理学家都强调学前儿童的早期经验对其一生心理健康的作用及对学前儿童施行心理健康的重要性。精神分析学派的创始人弗洛伊德（S. Freud）相信，心理疾病主要是由于潜意识矛盾冲突而产生焦虑和情绪防御反应的结果，这种矛盾冲突从婴儿期就开始，根源于生物本能欲望对社会限制和约束产生强烈的反抗。弗洛伊德认为，学前儿童心理的健全对他们未来的正常发展是极为重要的。人本主义心理学家们虽然反对精神分析学派关于潜意识矛盾冲突的假设，但肯定学前期对心理疾病的预防以及对儿童施行心理健康教育的重要性。前国际心理健康委员会会长怀特（W. White）曾经说过，学前儿童时期是施行心理健康的黄金时期。一个人在心理上的异常和障碍并不是无缘无故突然发生的，其大多发生在学前儿童时期。在学前阶段对儿童施行心理健康教育，有益于对学前儿童的行为问题和心理障碍进行早期干预或早期矫治，也有益于充分发展学前儿童的智能、情绪和意志等，以此可维护和增进学前儿童心理的健康发展。

二、学前儿童心理健康的内容

学前儿童心理健康涉及的范围相当广泛。凡是能够促进学前儿童生长发育、提高学前儿童社会适应能力及改善他们个性品质的方法和措施都因有益于增进学前儿童的心理健康而可归属于学前儿童心理健康的内容。具体可归纳为以下四个方面：

（一）优化家庭和托幼机构环境

要为学前儿童创造具有良好氛围的家庭、托幼机构等社会文化环境，形成对学前儿童的心理关心和保护机制，使学前儿童的基本权益得到保障、潜力得到充分发展、人格得到良好形成。优化家庭和托幼机构的环境，能使学前儿童避免遭受虐待和伤害，以保证学前儿童心理的健康发展，使其逐步地实现社会化。

（二）对学前儿童进行心理健康教育

学前儿童心理健康教育包括：帮助学前儿童学习调节和表达自己的情绪情感的方式、学习社会交往的技能、培养良好的生活习惯，对学前儿童进行性教育等。通过心理健康教育，能够培养学前儿童自我维护和提高心理健康水平的能力，在提高认识和改善态度的基础上，形成健康的行为方式和习惯，从根本上杜绝心理障碍和心理缺陷的产生。

近年来，社会提倡培养学前儿童的积极心理品质，开展积极心理健康教育。积极心理健康教育就是一切从“积极”出发，用积极的视角发现和解读各种现象，用积极的内容和途径培养积极向上的心态，用积极的过程诱发积极的情感体验，用积极的反馈强化积极的效果，用积极的态度塑造积极的人生，从而为学前儿童奠定积极的心理基础，营造和谐向上的精神状态。

根据积极心理学原理，对学前儿童进行健康教育，重在培养他们的积极心理品质，预防各种心理问题，促进其身心全面和谐发展，为其健康成长和终身幸福奠定基础。学前儿童阶段应重点培养其好奇心、创造力、坚持与自制、社交智慧、责任心、审美和乐观等积极的心理品质。

（三）对学前儿童实施行为教育干预

按心理健康的标准，通过调查、观察、筛查和诊断等方法，能够及早发现有各类行为问题、心理需要干预的学前儿童，并采取有针对性的措施对他们进行早期教育和早期干预。对于大部分只有轻微行为问题的学前儿童，应以教育和行为指导为主，及早纠正他们的不良行为。对于少数有明显心理障碍和心理缺陷的学前儿童，应由专业人员根据问题的性质、障碍和缺陷的程度及学前儿童本身的各方面情况，确定心理教育干预的方案并对其实施心理教育干预。

（四）关怀学前儿童弱势群体

在社会的转型与发展阶段，学前儿童中有不少来自留守、流动、离异家庭以及贫困家庭，这些学前儿童出现心理健康问题的概率高，需要全社会在心理健康方面的大力支持。其中，留守儿童心理健康问题主要集中在焦虑、人际交往、情绪控制等方面，其原因可能是家庭教育缺失、学校和社会教育缺位。应通过以下对策缓解：（1）建立留守儿童心理问题预防和干预机制；（2）改善家庭教育环境；（3）加强社区教育，扩大农村留守儿童的社会支持体系；（4）加强对留守儿童的心理健康教育，帮助留守儿童“学会做人、学会学习、学会生活”。

思考与练习

1. 联合国世界卫生组织对健康的定义是什么？
2. 心理健康的判断标准有哪些？
3. 如何理解健康和疾病的关系？
4. 如何从学前儿童的情绪来判断其心理健康状态？
5. 学前儿童心理健康的意义是什么？

阅读导航

1. BLASHKI G，JUDD F，PITERMAN L. 全科医学之心理健康［M］. 杨辉，译. 北京：北京大学医学出版社，2014.

2. 俞国良. 心理健康教育教学参考（小学）［M］. 北京：北京师范大学出版社，2017.

3. 张劲松. 学前儿童心理健康指导［M］. 上海：复旦大学出版社，2013.

第二章

影响学前儿童心理健康的因素

本章导读

本章着重讨论影响学前儿童心理健康的主要因素。第一节介绍霍伊曼的生态模型、布卢姆的健康公式、心理健康的生物-心理-社会模式，此为分析学前儿童心理健康的理论基础。第二节围绕影响学前儿童心理健康的生物学因素，陈述遗传、先天素质、机体损伤或疾病、生理发育迟缓等问题。第三节围绕学前儿童心理健康的心理因素，探讨了动机、自我意识和情绪的影响。第四节围绕影响学前儿童健康的社会因素，讨论了托幼机构的影响、家庭环境的影响、社会环境的影响。

案例观察

案例： 5 岁的嘟嘟原本活泼开朗，可最近老师发现他的攻击性行为明显增加，稍不顺心就把拳头挥向同伴，午睡时还会发出尖叫声。教师进行家庭访问后，了解到原来嘟嘟的父母半年前离异了，嘟嘟现在由爸爸抚养。每天晚上睡觉的时候，嘟嘟喜欢把枕头当成妈妈抱着睡，并且常常会在梦中呼唤妈妈。

分析： 学前儿童最早最深刻的经历和体验发生在家庭中。家庭是影响学前儿童心理健康的主要社会环境。宽松、和谐的家庭气氛能使学前儿童感到心情愉悦，而家庭的争执，特别是父母的离异会从身心两方面给学前儿童造成伤害。处于氛围紧张的家庭环境中，学前儿童更易感到愤怒、害怕与沮丧，常会表现出强烈的情绪反应。在上述案例中，父母离异使嘟嘟不得不与一直照顾他的母亲分离，由此而造成其生活以及心理环境发生变化，这是使其行为和情绪异常的最主要原因。

第一节　关于健康影响因素的理论

从系统论的视角出发，影响学前儿童心理健康的因素是多维的，这些因素又互为关联。在本节中，我们将梳理一些关于健康影响因素的理论。

一、影响健康的理论模型

人的身体、心理和社会适应的健康状态有赖于人生存的良好自然环境和社会环境，也有赖于人的自身状况，还与人作用于环境的方式及环境对人的反作用有关。要将影响健康的诸多因素截然分开是困难的。

根据对健康概念的新认识，健康是个体在身体、心理和社会适应方面有效地与其他个体、群体、社会以及环境交互作用的能力，是一个动态的过程，是达到更高级的机能状态的方向。因而，除机体自身因素以外，人体的健康状况在很大程度上取决于环境，如果环境的改变超出了机体适应性的限度，就会导致机体与环境原有的平衡被打破，从而危及健康。

（一）霍伊曼的生态模型

霍伊曼（H. S. Hoyman）将理想的健康看成是遗传、环境、自身和经验交互作用的结果，提出了健康的生态模型。根据这个模型，在影响健康的生态系统中有许多种生态因子和条件，有利的生态因子和条件会促使个体向健康状态发展，不利的生态因子和条件则可导致个体向与健康相反的方向转化。在这个生态系统中，各种生态因子和条件对健康的作用具有综合性，各种生态因子和条件的作用相互制约、相互消长。有时某些生态因子和条件还可能成为触发因子，触发健康状态发生急剧的变化。

（二）布卢姆的健康公式

布卢姆（H. L. Blum）在考察了影响个体或群体健康的诸多因素以后，对这些因素做了归纳和概括，将影响健康的因素归纳为环境（包括自然环境和社会环境）、生物因素（包括生理和心理因素）、生活方式以及卫生服务的易获得程度四类，健康是隶属于这四类因素的许多交叉、渗透、影响和制约因素相互作用的结果。他还提出了一个决定个体或群体健康状态的公式：

$$HS=f(E+AcHs+B+LS)$$

公式中“HS”（health status）指的是“健康状态”，“f”是一个函数，“E”（environment）表示“环境”，“$AcHs$”（accessibility to health service）表示“卫生服务的易获得性”，“B”（biological factors）表示“生物因素”，“LS”（life style）表示“生活方式”。

作为生活在影响健康的生态系统中的成员，学前儿童同样受到各种因素对其健康的影响。学前儿童正处于生长发育时期，他们虽然具有人体的基本结构和功能，但是身心发展尚未完善，对内外环境及其变化的影响甚为敏感，易受各种不良因素的损害。在考察影响学前儿童健康的因素并实施卫生保健时，既要考虑他们与社会其他人群的共性，也要考虑他们的特殊性。

二、心理健康的三维模式

对健康概念认识的变化，使人们认识到心理健康的科学基础不能只停留在生物科学的基础上，即不能只注意机体的形态、机能、生理生化的变化，还需注意心理因素和社会因素，心理健康应由生物模式转变为生物-心理-社会模式。心理健康模式的转变有利于人们从生物、心理和社会的诸多因素及其相互作用中全面地考察健康问题，使心理健康的目标和方法更趋合理和完善。

（一）多层次等级系统

生物-心理-社会模式从系统观点出发，将人看作一个多层次的等级系统，这个系统既包括人体以下的各个层次，如系统、器官、组织、细胞、细胞器①、分子、原子等；也包括人体以上的各个层次，如人际关系、集体、文化、社会和国家、生态圈、宇宙等。每个层次的系统都由低层次的一些系统构成，其本身又是更高层次系统的一个组成部分。任何一个层次系统中的变化都会影响到上、下层次，同时，它的变化又受到比它更高或更低层次系统的影响。正如美国医学家恩格尔（G. L. Engel）所指出的：基于系统方法的生物、心理、社会模式摈弃科学上业已陈旧的二元论和还原论原理，用互为因果的模式替代线性因果性的简单解释。因此，根据每个等级层次上每个组成系统的相对完整性和功能活动来形成健康、疾病和功能丧失等概念。总体的健康反映系统内和系统间高水平的协调，这种协调可以在任何层次，如在细胞、器官系统、整体的人或社区层次遭到破坏。

（二）生物-心理-社会模式的三维度

生物-心理-社会模式有三个维度。生物维度包括了遗传因素、体质状况、神经类型、生理生化和免疫特征等，心理维度包括认知、情感、人格特征、行为习惯、个体生活经验、价值观和信念等，社会维度包括政治制度、社会文化、经济状况、人际关系、社会地位和教育等。

生物、心理、社会这三项因素对于个人的影响虽然是错综复杂的，但是仍然有其密切的内在联系。其中，生物因素是基础，它决定了个人基本形态构造上的差异，同时又影响着个人行为习惯及人格等心理因素的获得。虽然从通常意义上讲，生物因素是由遗传决定的，但是个人的生活方式和所承受的社会压力，也会给这些生物因素造成影响，并使之发生相应的变化。后天社会环境中的文化习俗、父母的抚养方式、家庭结构及学校环境等因素，给个人在心理发展上提供了一个基本导向，使个人按照一定的社会文化要求去发展自己的心理和行为。它和生物因素共同决定了个人的心理行为走向。因此，当个人自身素质和社会影响在个人身上形成压力或不和谐时，个人就会出现应激反应或产生障碍。譬如，一个神经类型为过敏或弱型的学生在面临比较严重的外部学习压力的时候，很容易出现各种不适应症状和心理障碍。总之，生物、心理和社会这三方面的因素既彼此独立又相互交织地对个体产生影响（见图 2-1）。

运用生物-心理-社会模式可以从身体、心理和社会适应三个方面揭示各种因素对健康产生的影响，说明人对各种环境因素的适应和补偿作用的性质和限度，科学、全面地制定卫生标准，提出卫生要求和采取相应的卫生措施。从这种模式出发，保护和增进个体或群体的健康就成了全社会为之奋斗的目标，也成了社会各方面工作者共同的责任。

---

① 细胞器比细胞低一层次，如线粒体等。

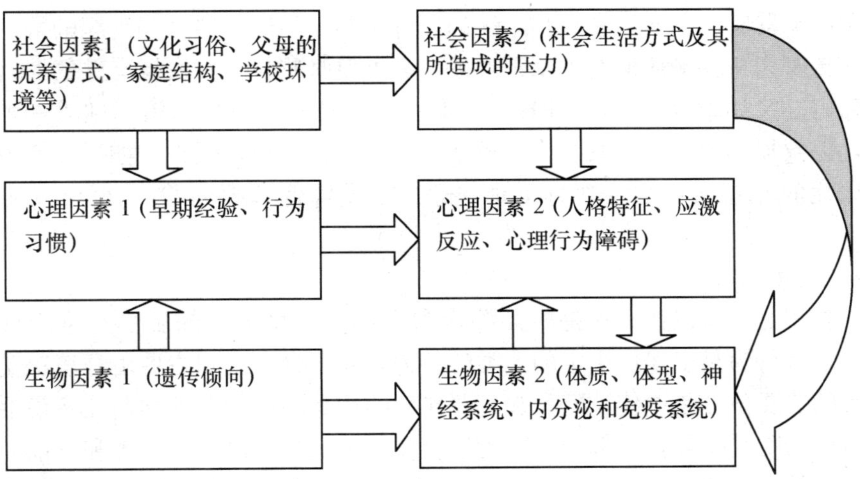

图 2－1　生物-心理-社会模式示意图

第二节　影响学前儿童心理健康的生物因素

在学前儿童身心发展的过程中，影响他们心理健康，导致各种问题行为、心理障碍和心理疾患产生和发展的因素有生物、心理和社会等方面，它们之间的关系错综复杂，对学前儿童健康心理的形成以及异常心理的产生因人而异，因问题或者疾病而异。影响学前儿童心理健康的生物因素主要有遗传以及与遗传有联系的先天素质、生理生化改变以及机体损伤等因素。其中，遗传和先天素质对学前儿童心理的正常发展和异常心理的产生起了重要作用，有时甚至起着决定性的作用。

一、遗传因素

尽管不能同研究动物的行为遗传那样采用种种实验程序来研究人，要证明人类行为的遗传通常也比证明动物困难得多，但是，人类行为遗传学的研究已经证明，人类的行为和人类的身体一样，是在遗传和环境的相互作用下发展起来的。人的遗传基因的差异不仅表现为人体结构和功能方面的不同，也表现为行为方面的差别。

（一）遗传的分类

人类行为遗传学工作者倾向于把人的行为遗传分为三大类，影响学前儿童心理健康的负面因素不一而足，在此择要而叙。

1. 直接遗传

第一种类型是直接遗传，指的是明显地由于遗传因素而引起的行为异常。其中，有的是由单一突变基因所致，有的则是由染色体异常所致。

2. 间接遗传

遗传的第二种类型是由于某一遗传性而间接引起的异常行为。例如，正常语言发展的基本条件是听觉器官、发音器官和脑组织的发育正常，而这些器官和组织的解剖结构和生理功能与遗传密切相关，任何有关基因的缺陷都可使这些与语言发展有关的器官和组织的发育发生障碍。又如苯丙酮尿症（PKU），是由于在遗传过程中血液中缺乏一种分解苯丙酮酸的酶，以致损害中枢神经系统，造成学前儿童严重的智力低下。如果在6岁以前，对患苯丙酮尿症的儿童通过饮食教育干预（通过饮食降低苯丙酮酸），也可以使智力恢复正常。

3. 轻微遗传

第三种类型是轻微遗传，这是指某些行为大都受环境因素的影响，遗传只起轻微作用。例如，求食行为是由遗传决定的人类的行为，而求食方式则主要由环境决定。学前儿童语言发展的首要条件是遗传，但是起主要作用的还是环境。有的学前儿童说话早，而有的学前儿童说话晚就是最好的例子。因为语言发展早晚受到遗传、环境和学前儿童本身气质的影响。另外，布朗加特（Braungart）等人研究了同卵双胞胎和异卵双胞胎间气质的相似性，得到了相当一致的发现：从学前儿童期开始，在活动量、注意的需求、易怒及社交能力等气质方面，同卵双胞胎的相似性都高于异卵双胞胎的相似性。弗里德曼（Freedman）研究高加索和华裔美国人新生儿的气质时发现明显的民族差异，但高加索和华裔美国人的母亲所接受的产前照顾是一样的，因此，气质除了受环境等因素影响外，至少有一些气质成分受到遗传基因的影响。

（二）研究遗传因素的方法

遗传因素对心理健康的影响主要是通过家系研究中对双生子的研究及收养研究等进行的。

1. 家系研究

西尔弗（L. B. Silver）发现，40%有多动症学前儿童的父母、同胞和亲属也患有多动症。莫里森（J. R. Morrison）等人曾系统地研究了59例多动症和41例正常学前儿童，发现多动症有明显的家属倾向。坎特维尔（D. Cantiwell）曾用学前儿童多动症诊断标准衡量了50例多动患儿的家属，发现其亲属有不少人在幼年时患有多动症，其中父亲有此症状者占16%，母亲占4%，兄弟占22%，姐妹占8%，叔伯舅父占10%，堂表兄弟占12%。

2. 双生子的研究

同卵双生子是由一个受精卵发育而成的两个个体，在遗传上具有相同的基因型，他们之间的差异应归因于环境；而异卵双生子则分别由两个受精卵发育而成，他们的基因型不完全相同。实验观察发现，同卵双生子不仅脉搏、血压几乎相同，而且具有十分相似的脑电、睡眠模式和神经系统的唤醒水平，而神经系统的唤醒水平与人的个性有密切的联系。相比之下，异卵双生子之间的这些指标差异就比较大。一些研究表明，同卵双生子心理障碍和疾患的一致率高于异卵双生子。例如，20世纪70年代，马西尼（Matheny）在对双生子的追踪研究中发现，同卵双生子多动症的一致率达100%，而异卵双生子多动症的一致率仅17%。

3. 收养研究

被收养者与收养家庭的成员在遗传上毫无相关，被收养的学前儿童在某一特质（如性格）上，与有共同基因的亲生父母更相似，而非与有共同生活环境的养父母更相似，这说明基因在决定这些特质中有较大的影响力。

普洛明（Plomin）1990年对在收养家庭长大的成人所做的研究显示，这些被收养者的精神分裂症（或其他失常行为）的发生概率，与其有血缘关系的亲戚的精神分裂症发生率的相关，高于与收养家庭成员发生率的相关。

二、先天素质

传统心理学上讲的素质是先天的解剖生理特征，包括感觉运动器官、脑的结构功能等。先天素质是遗传基因和胎儿发育过程中的环境因素相互作用的结果。影响胎儿正常发育的环境因素是多方面的，如母亲在孕期的营养、用药状况、身体健康状况、环境污染状况和情绪等，这些都可通过母亲的子宫对胎儿的发育产生影响。不良的胎内环境所造成的某些素质上的缺陷可能成为学前儿童心理发育过程中的障碍，导致其异常行为的产生。

（一）营养不良的影响

妊娠期孕妇营养不良会导致新生婴儿体重低，某些营养素过少或过多则可导致其先天畸形。新生婴儿体重过低可能有脑细胞减少、智力发展迟缓、脑功能异常等问题，对学前儿童的心理健康产生不可挽回的消极影响。正如有些研究人员所指出的，胎儿期营养不足，学前儿童将来入学后，会失去好奇心和探索心，这些“营养不良的学前儿童智力测验成绩都差”。

（二）患病或用药不慎的影响

妊娠期孕妇患病或使用药物不慎会损害学前儿童的心理健康。有研究报道，母亲孕期患高血压、肾炎、贫血、关节炎、低热、先兆流产等疾病，且经常患有感冒，可能导致学前儿童多动症的发生。如果孕妇感染了流感病毒，可能引起胎儿畸形和中枢神经系统异常，影响其出生后心理的正常发展。许多药物可以通过胎盘进入胎儿血液，导致胎儿畸形。例如，孕妇服用大剂量的抗癫痫类药物，可使胎儿唇裂、腭裂、小头畸形、心脏畸形等，出生后发育迟缓、智力迟钝。又如，母亲在妊娠期服用眠尔通等镇静催眠药，也可使学前儿童发育迟缓。

（三）情绪状态的影响

妊娠期妇女的情绪状态也会对学前儿童的心理健康产生影响。孕妇精神受到刺激，特别是突然的重大刺激，会使其心理过度紧张，从而造成胎儿的发育异常。研究表明，孕妇过激的情绪会使内分泌腺尤其是肾上腺分泌出与情绪平稳时所分泌的激素种类和数量不同，使细胞新陈代谢发生变化，血液内的合成物也发生变化，这些通过胎盘进入胎儿的循环系统，对胎儿发育产生不良影响。例如，有研究表明，二战以前，德国学前儿童神经系统畸形率为0.07%，战争前期为1.7%，战时为2.6%，而战后上升为6.5%，这表明战时和战后由于时局急剧变化而造成的孕妇忧虑和惊恐情绪状态会影响新生儿神经系统的畸形率。

此外，妊娠期环境污染、放射线、烟酒等也会影响胎儿的发育，从而影响学前儿童心理健康的发展（见表 2-1）。

表 2-1　孕期致畸因子可能对发育中的胎儿造成的影响

致畸因子	可能产生的危害	备注
镇静药	破坏神经系统；低智商；手臂和腿畸形；耳朵、心脏、肾脏和生殖器出现发育问题	怀孕 4～6 周为关键期
己烯雌酚（一种保胎药）	女孩易患子宫畸形及生育问题；男孩更容易患生殖器畸形	胚胎发育早期
四环素	牙齿和骨骼问题；不同程度的听觉障碍	胚胎发育早期
阿司匹林	婴儿早熟；产前死亡，发育迟缓；学前儿童早期的智商较低	胚胎发育早期
过量的饮料，如咖啡、可乐等	婴儿的早熟、早产；新生儿易怒、紧张、神经质；认知、动作发展的落后；动作、注意、记忆等问题；情绪问题，如易怒、难以入睡；身体缺陷，如多器官、系统损伤，严重的发育迟缓	整个孕期
烟	抽烟后血压升高、脉搏加快，血液中含氧量降低，母亲血液中肾上腺素及浓度亦升高，使胎盘处血管变窄，给胎儿的供养、氧量下降；出生后体重不足、智能不足、行为失调	整个孕期
酒精	高剂量导致心智迟缓与畸形；中等剂量导致认知发展延缓	整个孕期
辐射，如 X 光、核泄漏等	高剂量造成卵原细胞、精原细胞的变化；妨碍脑发育，智力迟缓，语言和情感的混乱；诱发恶性肿瘤或血癌，生长迟缓等	三个月内
化学危险，如粉尘、颜料、杀虫剂及汞、铅等	汞：身体畸形，咀嚼和吞咽困难，行动不协调；大面积的脑损伤：大脑迟钝，语言能力不正常；铅：流产，婴儿出生体重较轻；脑损伤：智力和行动发展较差；身体缺陷	整个孕期

资料来源：BERK L E. Infants，Children，and Adolescents. Pearson Education Inc.，2005：7.

三、机体损伤或疾病

机体损伤，特别是神经系统的损伤以及疾病是影响学前儿童心理健康的重要原因。

（一）分娩中可能出现的损伤

分娩过程的异常可造成脑的损伤，比如剖腹产、产钳助产和吸引助产都可能造成脑组织损伤，产后新生儿窒息可造成脑组织缺氧性损伤。陈家麟在分析了 1 095 名中小学生母亲分娩过程的情况后，认为“有心理健康问题的学生，其母亲在分娩过程中出现早产、难产、窒息等异常情况的百分数，均显著高于正常学生”①。有研究表明，分娩时缺氧越严重，学前儿童在早期和中期认知和语言能力越差，但是到了一定年龄，他们与正常学前儿童之间的差别几乎就不存在了。与足月婴儿相比，早产儿在社会互动方面比较迟钝，对父母的逗弄往往置之不理、厌烦和拒绝。因此，他们更有可能与照料者形成不安全的情感纽带。而且，这些早产儿通常比足月的孩子更容易成为其他学前儿童欺负的对象。

（二）疾病引起的心理障碍

人体各系统、各器官的活动是相互联系、相互协调、相互制约和相互统一的。神经系统的损伤或病变以及心理活动的失常可能引起机体特别是各内脏器官性或功能性的变化。同样，人体其他系统的损伤或病变也可引起神经系统的病变或心理障碍。当脑垂体、甲状腺、甲状旁腺、肾上腺等内分泌腺机能出现紊乱时，学前儿童会产生多种心理障碍。当学前儿童罹患某些传染病后，由于发热作用、毒素作用、炎症作用以及身体的变态反应，心理活动可能产生不同的障碍，会对心理健康产生不利的影响。

四、生理发育迟缓

学前儿童机体的发育程度和速度存在着较大的个体差异，若发育过度迟缓，与同龄学前儿童相比，发育水平过低，会对其心理健康产生不利的影响。研究表明，学前儿童大小便的自控能力、动作和语言等方面发育迟缓，不仅是单纯的身体发育障碍，还可能造成学前儿童孤独、退缩、自卑的性格，导致各种心理健康问题。

第三节　影响学前儿童心理健康的心理因素

心理因素是指个体的主观心理状态以及个体在发展过程中与环境相互作用的经验积累，包括早期的和后来的生活经验以及人格发展的情况等。影响学前儿童心理健康的心理因素主要有学前儿童的动机系统、情绪倾向、行为习惯、认知能力、人格特征和早期经验等，这些都是学前儿童心理活动的内部机制。

一、动机与心理健康

（一）动机和需要

人的行为受动机驱使，而动机是建立在需要的基础之上的。需要是人在生活中感到某种欠缺而力求获得满足的一种内部状态，是机体自身或外部生活条件的要求在脑中的反映。如果把需要看作人生存发展所依赖的条件，那么动机就是这些需要的具体表现。动机推动人为满足某种需要而积极活动，是人的活动的原因。

① 陈家麟. 影响中小学心理健康的家庭因素研究［J］. 中国心理卫生杂志，1993（3）：126-127.

（二）动机冲突

动机一经产生，就会指引个体为实现目的而进行活动。个体在活动中经常会同时产生两个或两个以上的对立需要，因而会出现相互矛盾、对立或排斥的动机，如若这些并存的动机不能同时获得满足，或者只是某个动机获得满足而其他动机受到阻碍，就会产生动机冲突。动机冲突是心理冲突的核心内容。为了便于研究，心理学家将它分为双趋式冲突、双避式冲突、趋避式冲突和双重趋避式冲突四种类型。各种类型的动机冲突在学前儿童中都经常发生，可能成为干扰学前儿童心理正常发展的重要因素。例如，有些学前儿童在动机冲突的情境中会采取逃避现实、回避矛盾的态度，表现出自卑、孤独的退缩性行为。

1. 挫折的影响

人在某种动机的驱使下所要达到的目的受到阻碍就产生了挫折。一定数量和一定强度的挫折对人的行为可能有积极的意义，比如，可使人增长才干，锻炼意志，提高适应环境的能力。但如若屡遭挫折，则会使人消极悲观、丧失信心、行为退缩、无进取心。此外，连续的挫折还会使人处于持续的紧张状态，使由此而产生的情绪和行为方式固定化，成为相应的行为习惯。在这种情况下，个体会表现出攻击、粗暴、焦虑不安、压抑、回避等不良情绪和行为。因此，屡遭挫折会对学前儿童个性的形成和心理健康的发展产生不良的影响。

2. 造成挫折的因素

造成学前儿童挫折的有自然环境因素、社会因素和个体自身的内在因素，其中，个体自身的内在因素是最为关键的。个体自身的内在因素包括个体对内外各种刺激因素的认知、评价、耐受力以及解决问题的能力，也包括个体对目标的期望程度等。面对同样的挫折，人所具有的耐受力是不同的。个体在遭遇挫折情境时，摆脱挫折的困扰以避免心理和行为失常的能力是不一样的。学前儿童对挫折的耐受力与其神经类型的强弱及其身体和人格的健康程度有关。神经系统脆弱的学前儿童比神经系统较强的学前儿童更易产生挫折感，而人格健全、意志坚强的学前儿童更能忍受严重的挫折。

3. 挫折的适应和调整

在生活和学习中，学前儿童经常会体验到挫折，这是正常的现象，能忍受挫折并保持人格完整和心理平衡，是心理健康的表现。适量的挫折能锻炼学前儿童的耐受力，帮助他们锻炼和形成坚强的性格，维护和增进他们的心理健康。然而，如若挫折过大、过多，超出了学前儿童的耐受力，就可能使他们过度紧张，甚至导致他们心理异常，由此产生心理防御性行为。

何谓心理防御性行为？在经受挫折时个体需要设法适应挫折情境，以达到和保持人与环境以及人的内心世界的平衡。为了减缓心理冲突和挫折，个体会自觉或不自觉地借助某种机制解脱困扰，以使情绪平稳，这种机制或策略叫作心理防御机制，它是一种适应性倾向，由此而产生的行为被称作防御性行为。

弗洛伊德认为，心理防御性行为是降低和解除焦虑的非理性方式，是在潜意识中存在的，个体经常在不知不觉中运用它们，而它们常常篡改或曲解了现实。例如，压抑是最基本的心理防御性行为，它将使人感到困扰或痛苦的思想、欲望或经验阻断在意识域之外。

尽管个体将痛苦经验的记忆或不为社会认可的冲动予以压抑，但是它们并没有消失，只是由意识的境界转入了潜意识的境界，在意识的管制下暂时潜伏，若有机会，它们仍将逸出并影响人的行为。而且如果潜意识中蕴藏了过多的痛苦经验和被压抑的冲动，超过了意识管制的能力，那么个体的人格完整就会受破坏。除了压抑外，文饰作用、投射作用、移置作用、反向作用、退化作用、升华作用等等也都是心理防御性行为。心理防御性行为虽有一定的积极作用，即能暂时解除内心的痛苦和不安，但是也常会产生一些消极的适应方式，如回避矛盾、掩盖矛盾、自欺欺人，而潜在的心理冲突并没有解决，这些心理冲突会逐步积累，使人陷入更大的挫折或冲突的情境之中。特别是有些机制和行为歪曲现实的程度大，学前儿童若不适当或过分地运用，则会影响他们对周围环境的适应。

反之，积极的适应不仅能减轻动机冲突或挫折带来的困扰和不安，还会使人达到自我完善、自我实现的境界。人是一个高度自我调节的系统，能主动地控制和调整自身的认知、情感和意志，使主体与环境以及主体内在的心理达到平衡。积极的适应是正视现实，承认挫折，客观地分析产生挫折的主客观原因，主动调整和改善原有的行为方式，提高解决问题的能力，努力克服挫折，或在经受挫折以后总结经验、磨炼意志、建立自信，以积极的姿态迎接今后的冲突或挫折。积极的适应还包括主体对环境的改造，努力创造条件，克服和改变环境中的种种不利因素。升华作用就是一种积极的适应方式。当一些本能的冲动或者欲望不仅是意识所不能接受的，而且与社会道德规范或法律相违背时，就可以将它们加以净化和提高，使之成为某种高尚的追求，以保持心理的平衡，使受挫折的动机得以升华，使自身仍然获得成功的满足。

二、自我意识与心理健康

自我意识与学前儿童心理健康有着密不可分的联系，以下将对自我意识的定义以及它所包括的自我认识、自我评价、自我调节三大方面进行阐述。

（一）自我意识的定义

自我意识是人对于自身以及自己与周围事物关系的一种认识，也是人认识自己和对待自己的统一。自我意识是个性形成的标志，也是推动个性发展的重要因素，它是使组成个性的各个部分整合、统一起来的核心力量，对人的心理活动和行为起着重要的调节作用。

罗杰斯（C. R. Rogers）认为，“自我概念”包括个体的知觉、意见、态度、价值观等，它是主观的，个体对自身的认识未必与自己的客观情况相符合。个体时时都以自我概念为依据评价自己处世待人的经验，若经验与自我概念不符，就会产生焦虑和情绪困扰。由此，自我概念和理想的自我之间的差异代表了个人心理适应的一个指标，两者越接近，个体的适应就越好，心理就越健康。

（二）自我意识的三个方面

自我意识包括自我认识、自我评价、自我调节三个方面。

1. 自我认识

正确地认识自己、了解自己，是使自己的行为能够适应环境的保证。学前儿童总是根据成人的评价和态度来认识自己，有时在与他人的比较和交往中认识自己，有时则在分析自己的行为结果中认识自己。各种原因都有可能导致学前儿童对自己的认识被歪曲，使学前儿童的自我认识与其理想中追求的自我相去甚远，使其在遇到动机冲突或挫折时常会自觉或不自觉地运用各种消极的心理防御机制缓解困扰和不安。

2. 自我评价

自我评价是个体对自己的生理、心理特征的判断和评定，它受个体认识水平的限制，又常伴有个体主观的情绪性。正确的自我评价对个体的心理及其行为表现、对协调社会生活中的人际关系具有重大的影响，因此，心理健康的个体必定具有较为正确的自我评价。

（1）自我评价的发展方向。

自我评价从简单到复杂、从外部到内部、从浅表向深层次方向发展。学前儿童在外部环境的影响下开始学习自我评价。一开始时，他们只是评定自己特定的具体的行动，评价常常只是对成人评价的模仿，而且伴有强烈的情绪色彩。以后，自我评价逐渐从模仿成人过渡到了受内在道德认识的制约，从注重行为的效果转向注重行为的动机，评价的独立性也日渐发展，并且有了一定的批判性。随着年龄的增长，学前儿童的自我评价水平日趋成熟。

（2）自我评价中出现的偏差。

自我评价中出现的偏差包括自我评价过高和过低，这两种偏差都会阻碍个性的健康发展。过高评价自我的学前儿童，往往只注意到成功而不考虑困难，一旦行为的结果与其估计不符，或者他人对其评价不能使他感到满意，就会受到强烈的情绪干扰。相反，过低评价自我的学前儿童往往缺乏自信，表现出自信心不足，只为自己确立很低的目标，成就动机弱。此外，这些学前儿童还常表现为行为退缩、情绪抑郁、对人多疑、不善交往，这种个性特征使其难以适应复杂多变的社会生活。

3. 自我调节

自我意识的发展必须体现在自我调节方面，个体不仅要正确地认识和评价自己，还要根据环境的作用促进原有的心理状态发生变化，以适应外界环境的变化。有了正确的自我认识和自我评价，又善于在各种动机冲突或挫折情境中调整自己的认识活动、情感态度和动作行为，学前儿童才能逐渐形成良好的个性，保持心理健康。

三、情绪与心理健康

可从广义和狭义两方面来对情绪下定义。广义的情绪是指个体对客观事物是否符合其需要的态度体验。狭义的情绪是指短暂而强烈的具有情境性的感情反应，如愤怒、悲哀、恐惧等。情绪包括人在生理和心理许多水平上的整合，它与其他心理过程有着广泛的联系。

研究表明，情绪是影响个体心理健康、导致心理异常和障碍的一个主要中介环节，这是因为由生理、心理变化以及环境刺激等因素而造成的各种情绪反应，可以导致包括神经系统和内分泌系统在内的生化系统的变化，使机体、心理活动和行为方式也发生相应的变化。

情绪在学前儿童的各项活动中发挥的作用很大，并影响到心理、行为的发展。马言青对学前儿童的情绪功能进行了归纳，总结出学前儿童的情绪有信号、创造、催化和取向四个功能。

1. 情绪的信号功能

在交往中，学前儿童要向他人发出许多情绪信号，比如用笑容向同伴表示自己的好感，用怒目表现自己的愤怒等。与此同时，他们还要接受来自他人的情绪信号。比如，学前儿童已经知道"泪流满面"是人悲伤的表现，他们在接受和理解了这些情绪信号后，能产生相应的反应，并及时调整自己的行动。

2. 情绪的创造功能

快乐的情绪会激发学前儿童的创造性，表现在游戏中就是不断创造出新花样。比如，自己制作游戏中所需的道具、装扮角色、编造新奇的游戏情节等。这种创造性活动的开展，完全建立在学前儿童喜爱游戏活动这一积极情绪的基础之上。同时，通过游戏活动而获得的成就感，又增加了学前儿童对快乐情绪的感受。

3. 情绪的催化功能

正面情绪和负面情绪对学前儿童的行动起着不同方向的催化作用。快乐和兴趣等情绪会促使学前儿童积极地加入各种活动，并在活动中表现主动，充满勇气和智慧；而痛苦和恐惧等情绪则会促使学前儿童逃避参加某项活动，即使参加，也表现得反应迟钝、出错率高。如果负面情绪的强度大，学前儿童会在活动中故意捣乱，以求得被取消资格来逃避活动。

4. 情绪的取向功能

情绪能够直接引导个体选择行为的方向，并能决定维持此方向时间的长短。学前儿童的情绪取向表现出不稳定的特点。他们最初的情绪取向非常易受成人的影响，特别是父母和教师等他们认为最亲近和尊敬的成人的影响。在具体活动中，经常会出现情绪强度削弱或情绪转移等现象。

学前儿童情绪的这些功能，作为一个独立的功能系统制约着学前儿童的行为和活动，并且在其人际交往、认知和个性的发展中起着重要作用。

总的来说，良好的情绪反映了中枢神经系统功能活动的协调性，它表示人的身心都处于积极健康的状态。良好的情绪是学前儿童保持身心健康和行为适应的重要条件，有助于学前儿童的行为适应，提高他们的学习能力和水平。相反，消极的情绪则会使学前儿童的心理失去平衡，还会造成其生理机能的失调，如果消极情绪强度过大或持续时间过长，还可能使学前儿童产生神经活动的功能失调以及机体的某些病变。

第四节 影响学前儿童心理健康的社会因素

影响学前儿童心理健康的社会因素主要有托幼机构、家庭环境和社会环境等。

一、托幼机构的影响

作为生态系统中的第一环境，托幼机构直接影响着学前儿童的身心发展和行为。托幼机构内的物理环境应是有利于学前儿童心理健康发展的，托幼机构内的心理社会环境应充满温暖与和谐，保教人员应始终对学前儿童寄予期望和热忱，尊重学前儿童的兴趣、需要和愿望。

（一）物理环境对学前儿童心理健康的影响

托幼机构的物理环境是影响学前儿童心理健康的一个主要方面，它包括自然环境（如声、光、绿地、空气等）和人工设施（如房屋建筑、玩具、活动场地等）。对学前儿童心理健康产生不利影响的物理环境主要有以下几点：

1. 活动空间小

人员密度过高的活动室，有可能使学前儿童的攻击性行为增多，社会交往行为减少，不主动参与活动的比率提高。如果幼儿园不按照规定的班额过多招生，有可能对学前儿童的心理健康造成不良影响。

2. 空气质量差

教室空气质量的好坏也是影响学前儿童心理健康的一个重要因素。污染严重的工业区的主要污染物有二氧化硫、二氧化氮和飘尘等，汽车废气中的主要污染物有一氧化碳、氮氧化合物、羟类化合物和铅化合物。如果学前儿童过多接触到这些污染物，会对其身心健康产生严重危害。例如，一氧化碳与血红蛋白结合后，血液的携氧能力就下降，会导致组织缺氧，从而影响学前儿童的手指精细调节功能和大脑智力活动。

3. 采光不足

采光不足会使学前儿童整日生活在阴暗、潮湿的环境中，使其情绪压抑，从而对他们的心理健康造成不良影响。

（二）师生关系对学前儿童心理健康的影响

在托幼机构中，学前儿童与教师的关系是最基本的人际关系之一。学前儿童与教师之间关系不融洽，甚至关系紧张，会使学前儿童的心理失调。

1. 教师的影响

在托幼机构中，教师处于保教工作的第一线，整天都要接触和处理各种带有情绪色彩的事件，如学前儿童的哭闹和捣乱、依赖和要求、撒娇和任性、惧怕和退缩等，这一切不可避免地会使教师的心理紧张，使其感到厌倦和烦恼。同时，教师也生活在社会之中，社会生活的紧张、人际关系的矛盾都会通过各种途径影响教师的心理状态。教师整日与学前儿童在一起生活和活动，其言行和情绪无时无刻不影响学前儿童。因此，教师必须具备良好的心理调适能力。实践证明，教师的心理失调和障碍会导致师生关系失调，而心理失调或有心理障碍的教师对学前儿童心理健康的危害，并不低于身患传染病的教师对学前儿童身体健康的危害。

2. 建构良好的师生关系的要点

在托幼机构内建立良好的师生关系，创设有益于学前儿童心理健康的心理环境，应充分注意以下问题：

（1）教师要有体谅和宽容的心态。

教师要能够满足学前儿童的各种合理需要，体谅和容忍学前儿童的所作所为甚至过失行为，与学前儿童共享成功的快乐。

学前儿童的行为受动机驱使，而动机是建立在需要之上的。在较低层次的生理及安全的需要得到满足后，学前儿童会对爱、尊重、独立自主等需要有进一步的追求。满足学前儿童的各种需要，特别是满足高层次的需要有益于学前儿童健康人格的建构。动机的冲突在学前儿童中经常发生，有时还会发生挫折，让学前儿童在生活中经历动机冲突和体验挫折，能磨炼学前儿童的意志，提升学前儿童处理挫折的技能。教师应具有高度稳定和健康的情绪，对学前儿童充满爱，对学前儿童教育事业充满热爱。教师应在任何情况下都能自觉地将个人的不良情绪排除在与学前儿童接触的过程之外，每时每刻都能满足和接受学前儿童的合理需要，理解和容忍学前儿童的所作所为，帮助学前儿童克服困难，提升其应对挫折和解决问题的技能。

（2）教师要有民主和平等的心态。

教师对待学前儿童的态度应是民主的。教师要允许学前儿童充分表达自己的想法和建议，不能以权威式的命令要求学前儿童，不能只注重给予学前儿童各种行为规范的限制，而要注重以合作的讨论方式给予学前儿童各种行为规范的限制、与学前儿童进行交流。

运用专制权威式的方法压制学前儿童，他们表面上能服从，但内心的情绪却是对立的。有的学前儿童会由此而变得冷漠无情或胆小谨慎，或用幻想表达心中的积郁情绪，有的学前儿童则表现出攻击性和破坏性行为。教师应给予学前儿童自由、自主和安全感，使他们在学习自我控制的过程中花费较少的情绪能量。教师也应避免采用放任自流的方式，不加以限制学前儿童的行为，因为这样会使学前儿童形成以自我为中心的观念，在生活中表现得十分任性。自由而不放纵、指导而不支配的民主的教育方式和态度能使学前儿童成为独立的有个性的人。以这种方式教育的学前儿童有较强的社会适应能力，能待人友善、与人合作，能自我接纳和自我控制。

（3）教师要有支持性行为。

在托幼机构中，教师要对学前儿童正当的行为和要求给予支持、认可，以赞同和接纳的态度对待儿童，这有利于学前儿童形成积极的人际关系。

教师的支持性行为首先表现在教师对学前儿童的可接近性。例如，教师经常主动参与学前儿童的活动，在与他们交谈时态度是亲切耐心的，使学前儿童愿意和喜欢与教师接触。

教师的支持性行为还表现为教师在学前儿童的眼里是可靠、稳定的，而不是离谱的。教师对学前儿童的评价应是公正、合理和恰如其分的，而不是偏心的。教师不应嘲笑、责骂或变相体罚儿童。

教师的支持性行为还表现为教师在组织教育活动时有清晰的目的。同时，教育活动是富有弹性的，即可根据学前儿童的兴趣和需要加以调整，这样师幼的行为就有可能达到高度契合。

（4）教师要与学前儿童保持平等。

教师应平等地参与学前儿童的活动，并以自己的行动影响环境，给学前儿童以安全感和信任感。教师与学前儿童交谈时，需缩短两者之间的水平和垂直距离，如蹲下来与学前儿童说话，保持同一高度视线的接触；教师在教学活动时如使用椅子，椅子的高度应尽可能与学前儿童椅子的高度相近。另外，教师还应经常轻轻抚摸学前儿童的头部、肩部或背部。学前儿童对教师有着很大的依赖性，教师的眼神、手势、体态和动作都会引起他们相应的反应。

（5）教师要为幼儿提供发挥创造力的机会。

学前儿童期是富有创造力的时期，创造力是一种最丰富和超越一般成就的能力，但也是最容易受到压抑挫伤的能力。学前儿童创造力的充分表现和发挥有益于健康人格的建构。教师在组织和安排教育活动时，要为学前儿童创造性的发挥提供机会，激发他们的好奇心，鼓励他们提出问题和想法，让他们觉得自己有所作为。教师也要善于发现和认识学前儿童的创造性表现，对他们的创造性行为做出反应。

（6）教师安排的活动要适当。

教师应使托幼机构的各项活动适合学前儿童的年龄特征和个体差异，促进学前儿童在不同的发展水平上得到提高。

在托幼机构的保教过程中，应让每个学前儿童都能根据自己的能力和兴趣，按照自己的选择和步伐进行学习。托幼机构虽有统一的教学目标，但具体目标设立可不必整齐划一。教育的艺术在于掌握一定的紧张度，使每个学前儿童都有一个能够达到但又需要经过一定努力才能达到的目标，并使他们能够经常体验达成目标、获取成功的快乐，这种快乐原则教育对学前儿童的健康成长最有效。

3. 保育员的影响

托幼机构中的保育员和学前儿童接触频繁、关系密切，他们的心理素质、情绪状态、言行举止对托幼机构创设有益于学前儿童心理健康的心理社会环境影响很大。要加强对托幼机构保育人员的教育培训，普及心理健康知识，使其掌握在工作中调适不良情绪的方法，热爱保育工作，热爱学前儿童，在做好保育工作的同时争做学前儿童的知心人、好朋友。

（三）同伴关系对学前儿童心理健康的影响

在托幼机构中，学前儿童除了与教师与保育员交往以外，还要与同伴交往。随着年龄的增长、认识能力的提高以及活动范围的扩大，学前儿童与同伴交往的机会和时间会日益增多，同伴关系对学前儿童身心发展的作用也就越来越大。

1. 学前儿童自身的因素

同伴交往往往受学前儿童个体因素的影响，其中最大的因素是其个性特征和行为表现。

（1）学前儿童的个性特征。被同伴接受的学前儿童常是比较友好、外向、热情、乐于助人和与人合作的；被同伴拒绝的学前儿童有些是因为缺少社会能力、对同伴不友好，认知能力、活动能力过差，但也有相当一部分是因为具有较强的攻击性和破坏性行为。

（2）学前儿童的行为表现。在学前儿童的相互交流中，同伴对学前儿童亲社会行为和攻击性行为的产生都有十分重要的作用。学前儿童的亲社会行为，如同情、帮助、合作、共享等，主要是指向其他学前儿童的。亲社会行为越多的学前儿童越受同伴欢迎。反之，其攻击性行为越多，越受同伴的排斥。学前儿童的攻击性行为绝大部分是背着教师进行的，而教师常因看不到学前儿童的这类行为而无法阻止，因此，受到攻击的学前儿童常常被迫退缩或放弃，攻击他人的学前儿童由此得到强化并继续重复这种行为。另外，在托幼机构中，学前儿童经常从其他学前儿童那里看到各种攻击性行为，也容易对这些行为进行模仿。

2. 教师在处理同伴关系中的作用

在托幼机构中，教师要善于利用集体活动的契机，帮助学前儿童建立友好的同伴关系。要让每一个学前儿童都有同样的机会承担自我服务和为他人服务的责任，可安排一些集体活动，鼓励缺乏交往技能或性格内向、行为退缩的学前儿童积极参加。在各项活动中，要让学前儿童逐渐摆脱以自我为中心的思维方式，逐渐意识到看问题不仅要从自己的立场出发，也要考虑到他人的立场和观点，要乐于关心和帮助别人。要创造尽可能多的机会，让每个学前儿童在集体中承担工作，在承担各种角色中增强能力、自信心和责任感，让学前儿童自己融入集体之中。

教师要注意观察每个学前儿童与同伴之间的关系，鼓励有自信心、善于与人交往的儿童与胆怯退缩的或者过分孤僻的儿童交朋友。当发现某些儿童不能很好地与人相处时，要找出其中的原因，帮助他们与人友好相处。

二、家庭环境的影响

托幼机构内的心理环境不可能脱离社会其他各层次、各种类的生态环境的影响而单独存在，其他各层次、各种类的生态环境必然会以各种方式作用于托幼机构。因此，在创设托幼机构内健康的心理社会环境的同时，必须注意影响改善其他层次、种类的生态环境，使其对托幼机构内健康心理社会环境的创设发挥积极的作用，其中最主要的是指导家长营造良好的家庭环境。

（一）营造良好家庭气氛的途径

学前儿童最早最深刻的经历和体验发生在家庭中，作为另一个直接影响学前儿童身心发展和行为的小生态系统，家庭对托幼机构健康心理环境的创设作用是非常大的。宽松、和谐的家庭气氛会使学前儿童形成种种期望的态度和行为，从而有效地改善家庭的心理环境。

1. 满足学前儿童的高级需要

一般家庭能满足学前儿童对衣、食、住、行的基本需要，但只有健康和谐的家庭气氛能满足学前儿童安全、爱与归属、尊重、成就感等较为高级的需要。家庭的气氛取决于家长在家庭中的角色和地位、家长的教养态度、家长的人格素质及家长与子女的关系等。研究表明，家长教养类型与学前儿童心理健康发展有密切的联系（见表 2－2）。此外，由于家庭存在于一个更大的生态体系中，因此，家庭气氛还受特定历史时期内特定文化的准则、价值观和期望等的影响。

表 2-2　　教养方式与学前儿童可能的行为

教养类型	控制-反应维度	教养方式的特点	学前儿童可能的行为
权威型	高控制、高反应	接受和鼓励孩子不断增长的自主性，与孩子积极沟通，弹性的规则	自信、自控、社交能力强、较好的学业成绩、较高的自尊
专制型	高控制、低反应	强硬的规则，命令并要求孩子无条件服从，与孩子很少沟通，不允许孩子有任何独立自主的要求	退缩，恐惧，情绪化，优柔寡断，急躁；女孩到了青春期仍然被动、依赖，男孩可能趋于反叛、攻击
容许型	低控制、高反应	对孩子极少或根本没有限制，父母无条件地爱孩子，对孩子较多的放任自由、较少的指导，不给孩子任何约束	趋于反叛和攻击，也趋于社交无能，自我放纵，冲动；在某些情况下，孩子可能是积极主动的、活跃的、具有创造性的
忽视型	低控制、低反应	不给孩子设置任何限制，对孩子缺乏感情，注意力集中于自己的生活，没有精力指导孩子	如果忽视型的父母同时表现出敌意，则孩子趋向于表现出高破坏性以及高过失行为

资料来源：GRACE J C，et al. Children Today. Prentice—Hall Canada Inc.，1998：32.

2. 防止消极情绪的影响

生活在现代社会中的人们，由于生活和工作节奏的加快、脑和机体其他部位的高速运转及休息时间的减少等，心理上常会产生压力感、失落感、抑郁感，这种状况影响着家长，并通过家长影响他们的子女。例如，心理紧张会引起家长情绪和工作能力的变化，这些变化特别是异常的变化，必然通过各种途径影响子女；由于家长忙于社会工作或社会交往，使得与子女的交往减少，特别是独生子女家庭或居住独户公寓的家庭，他们的孩子与他人交往的机会更少；家长对子女期望过高，不少学前儿童要承受来自各方面的竞争压力，使其天性受到压抑。因此，家长需要注意自己的情绪表达和行为，防止消极情绪影响学前儿童的心理健康。

3. 给予学前儿童适度的体验

家庭气氛的宽松和协调并不意味着没有任何矛盾和冲突。让学前儿童适度地体验挫折是必要的，因为这些亲身体验可以培养他们适应困境和处理挫折的能力。但给予的这类体验不能过度，否则易使学前儿童产生情绪的波动和攻击性行为。民主的、宽容的和接受型的家庭气氛有益于解决家庭关系中的矛盾，使学前儿童形成较强的社会适应能力，能友善待人、与人合作、自我接纳和较好地控制自己。学前儿童的这些心理品质和特征是营造托幼机构健康的心理环境的基本保证和条件。

4. 降低离婚等重大事件对学前儿童的伤害

从年龄段上看，30～40 岁的人离婚率最高，达 44%；40～50 岁的人，离婚率达 27%。也就是说，从现阶段来看，“80 后”离婚率最高，“70 后”位居第二①。婴幼儿的

① 赵淑红．婚姻家庭案件大数据分析的调研分析报告［J］．法制博览，2018（12）：179.

家长大都在 30 岁左右，因此家长的离异会给幼儿带来很大的伤害。

（二）托幼机构与家庭教育关系的影响

学前儿童在较长的一段时间里同时参与家庭和托幼机构的生活活动，因此，家庭与托幼机构之间的相互关系对学前儿童来说也是一种影响身心发展和行为的生态环境。托幼机构和家庭相互联系、密切配合，在教育的要求和方式上尽可能一致，将有益于学前儿童行为的统一和人格的完整。如果托幼机构与家庭在教育要求和方法等方面相互脱节，甚至各行其道，教育的作用就会彼此牵制或者相互抵消。这样不仅可能使学前儿童无所适从，还有可能损害学前儿童行为的统一性和人格的完整性。

三、社会环境的影响

托幼机构心理环境的创设离不开社会文化大环境，这是因为小生态环境与大生态环境是同源的。社会应当创造和谐安全的文化环境，从制定法律到提供各项社会服务，为托幼机构创设健康的心理环境提供保障和创造条件。

（一）大众传媒的影响

暴力电视节目为学前儿童提供了暴力榜样，长期收看这类节目，容易使学前儿童对暴力行为麻木不仁；此外，还会降低学前儿童对周围环境的安全感。学前儿童的年龄尚小，不能完全区分现实世界与演戏之间的区别。虚拟的电视节目可能会使学前儿童处于迫害幻想的焦虑中，如担心坏人闯入自己的房间，出门遇到车祸、凶杀等，会使其情绪变得焦虑、不稳定。

社会提供的大众传播媒介对于托幼机构心理环境的创设具有举足轻重的作用，社会应对各种面向学前儿童的读物、音像材料、广播、影视以及其他传播媒介进行严格审查，防止有害学前儿童身心健康的内容掺杂在内。

（二）社区环境的影响

托幼机构所在的社会环境对托幼机构创建健康的心理环境有直接的作用。社区文明程度的高低、治安状况的优劣，都会对学前儿童行为习惯的养成、安全感的确立产生很大的影响。如果托幼机构门口摊点乱摆，到处是出售不良读物、不洁食品、有伤害性玩具的商贩，学前儿童很难不受侵害，这也必然会对托幼机构创建健康的心理环境产生反作用。托幼机构应密切同社区联系与合作，争取社区各方面的关心与支持，在社区环境治理时要重点搞好学校和托幼机构周边环境的整治，确保托幼机构周边环境整洁优美。托幼机构还应在社区群众中宣传学前儿童教育的知识，支持社区开展有益的精神文明建设活动和文体教育活动，以争取社区支持和参与托幼机构的建设。

（三）社会重大事件的影响

社会生活中发生的一些重大事件，如战争、自然灾害（海啸、地震、飓风和洪水等）和社会经济制度的重大变革等，都可能直接或间接地对学前儿童的心理健康和身体健康产生负面影响。例如，战争、地震等不仅使学前儿童各种疾病患病率增高，而且会造成学前儿童严重的心理负面反应。

思考与练习

1. 影响健康的理论模式有哪两种？如何理解霍伊曼的生态模型？
2. 如何理解生物-心理-社会模式的三个维度对学前儿童心理健康的影响？
3. 影响学前儿童心理健康的社会因素有哪些？
4. 在托幼机构中建立良好的师生关系，教师应注意的问题是什么？

阅读导航

1. 王坚，等. 学前儿童心理健康教育［M］. 北京：北京师范大学出版社，2015.
2. 周念丽. 0～3 岁儿童心理发展［M］. 上海：复旦大学出版社，2017.
3. 福禄贝尔. 儿童心理的研究［M］. 吕亦士，译. 上海：上海社会科学院出版社，2017.
4. 王振宇. 儿童心理发展理论：第 2 版［M］. 上海：华东师范大学出版社，2016.
5. 泽纳. 婴幼儿心理健康手册：第 3 版［M］. 刘文，等译. 北京：中国人民大学出版社，2014.

第二篇

现象与解析

第三章

常见的学前儿童心理健康问题

本章导读

本章的第一节讨论学前儿童的精神压力问题，列举精神压力状态概念的不同定义，阐述精神压力与学前儿童身体健康、心理适应的关系，介绍学前儿童精神压力状态的评估量表、目前学前儿童所面临的四种类型的心理压力以及缓解和消除学前儿童精神压力的主要途径。同时将列举一些常见的问题，以利于教师早期发现和早期干预。第二节至第五节将分别介绍与神经性习惯、情绪、行为和语言有关的心理健康问题及教育干预方法。

案例观察

案例：嘟嘟5岁，上幼儿园中班。嘟嘟是个早产儿，从小就很好动且爱哭闹，睡眠也不好。上幼儿园后，老师发现嘟嘟总是喜欢在上课的时候踢凳子，扯其他小朋友的头发，不能专心地听老师讲课，还经常扰乱集体活动。即便是在听最喜欢的故事时，嘟嘟也不能很好地控制自己，总是会动来动去，甚至离开座位。

思考：嘟嘟为什么会产生这些问题？该如何解决？

分析：嘟嘟所表现的行为问题比较显著，一是自我控制能力差，二是有明显的攻击性行为。嘟嘟注意力很难集中，行为无目的，情绪易激动，好与人争吵。对待像嘟嘟这样的儿童，应采取综合教育干预的方法。心理教育干预首先要缓解儿童与家长的心理压力，教师和同伴要正确对待他们，帮助他们建立自尊、克服自卑感、树立自信心。经过教育干预，大部分学前儿童的症状可减轻或消失。

第一节　学前儿童的精神压力

精神压力，已成为当今人们面临的最为严重的心理问题之一。据估计，人类大约90%的疾病与精神压力存在着不同程度的联系。精神压力是指过度的心理紧张，对正处于生长发育中的学前儿童的身体和心理都会产生很大的影响。帮助学前儿童应对实际生活和学习中的精神压力是对学前儿童实施心理健康教育的重要方面。

一、学前儿童的精神压力

精神压力状态对学前儿童的身体健康和心理适应都产生很大影响。

(一)精神压力状态的概念

不同研究者对精神压力状态的概念观点不同，在众多的理论之中，较完整的是交互作用理论。

拉扎勒斯（Lazarus）等人给精神压力状态下了这样的定义：精神压力是人与环境之间的特殊关系，它取决于人对加重或超出其负荷的危机及其完好状态的评估。据此理论，人在知觉到外界刺激和自己应对能力不平衡后会产生精神压力，这种不平衡会产生一系列复杂的生理、心理反应。如果这种生理、心理的变化短暂，不平衡很快就会被调整，紧张状态就被消除；如果不平衡状态十分强烈，或者持续时间过长，机体难以应付，或者个体预期由于难以应付而可能出现不良后果，那么它就不会被消除，甚至会继续加深，最终造成机体损害。此外，由于反馈作用，应付紧张状态的行为和反应若不合适或者无效，就会产生恶性循环，使紧张状态变得更为强烈，从而使机体功能和器质上的损害更趋严重。

(二)精神压力与学前儿童的身体健康

过大的精神压力会扰乱机体的平衡状态，导致各种躯体疾病，特别是与植物神经调节的内脏器官有关的疾病。人精神压力较大时常伴随着某种情绪体验，使植物神经功能发生改变；同时伴随肾上腺素、肾上腺皮质激素和抗利尿激素等分泌的增加，会引起心率加快、血管收缩或舒张、血压升高、呼吸增速、胃肠蠕动减慢、新陈代谢速率增高，从而使机体处于应激状态，动员全身力量以应付这种精神压力状态。人体的这种机制对于人体适应复杂多变的环境是必不可少的。但是，如果情绪反应受到压抑，或者强度过大，或者持续时间过长，就可能产生植物性神经功能的改变，从而使相应的内脏器官产生器质性的病变。紧张还可通过下丘脑及由它所控制分泌的激素影响免疫功能，降低机体对病毒、细菌或过敏物的抵抗力。

1. 迈耶等人的链球菌感染研究

在20世纪60年代初，迈耶等人最早报告了精神压力与学前儿童身体疾病之间关系的研究。他们对100名学前儿童进行了长达12个月的研究，对每个研究对象每两个星期做一次咽喉部链球菌感染的检查，并要求家长记录在这段时间内由于家庭成员的冲突而导致的学前儿童情绪紧张的情况以及学前儿童发病的情况。研究结果表明，学前儿童对链球菌感染的情况与情绪紧张事件的增加明显相关，并与上呼吸道疾病的临床表现明显相关。虽然不是所有的感染都随心理紧张而产生，但是研究发现，当学前儿童经历了精神压力事件以后，感染的可能性明显地增加了。

2. 与精神压力有关的其他疾病

此后，学者们对学前儿童经历的精神压力与其呼吸系统疾病、消化系统疾病、学前儿童期癌症、周期性发作的疼痛、慢性疾病以及意外事故等的关系做了大量的研究，这些研究的结果也都支持了精神压力与学前儿童期的许多躯体疾病和意外事故的发生存在着联系。

心身疾病是一组躯体疾病或一种综合征，是由许多因素综合作用而成的，可能有器质的倾向，也与个体的人格特征和其所处的环境有关，但是更多的是与个体遭受到过度或过强的精神压力刺激有关。学前儿童中较为常见的心身疾病主要有支气管哮喘、便秘、腹泻、消化性溃疡、肥胖症等等。长期高度的心理紧张、无意识冲突、受威胁而引起的不安全感等，都会产生这类疾病。

（三）精神压力与学前儿童的心理适应

1. 适应的定义

适应，指的是个体与环境的关系，既包括个体根据环境的要求改变自己，也包括个体作用于环境。心理适应不良的学前儿童，其人际关系、社会行为及生活能力都会出现障碍，行为表现超出了对心理刺激的正常和应有的反应范围。

2. 科温等人的研究

科温（Keween）等人曾将研究对象分成两组：一组是由心理健康服务机构检出的有一般心理适应问题的 273 名学前儿童，他们的情绪、行为等问题干扰或妨碍了自己和他人的正常生活；另一组是这类机构认定无心理适应问题的 509 名学前儿童，他们的心理适应状态良好。研究结果表明，被这类机构检出有一般心理适应问题的学前儿童，明显地经历了更多的消极的生活变化事件，特别是他们经历了更多的精神压力生活事件，如家庭成员死亡或者严重疾病、父母分居或者离异、父亲或者母亲重新婚配、家庭经济状态不佳等等。

与此相类似的大量研究证实了精神压力与学前儿童的一般心理适应、情绪失调、行为障碍等存在着密切的关系，也就是说，学前儿童经历较多的心理紧张，可能会导致其心理适应不良。

（四）对学前儿童精神压力状态的评估

大部分对精神压力状态的研究都集中在累积的生活变化以及它们同健康和心理适应的关系上。这类研究表明，在相对短的一段时间中，人所经受的精神压力越大，人的精神压力的负荷就越大，就越有大的可能产生和发展健康问题和障碍。

1. 社会性重新调整计量表

20 世纪 50—60 年代，以霍姆斯（Holmes）等人为首的一批学者精心修订了能直接和定量地测定人的精神压力的“社会性重新调整计量表”（SRRS）。此计量表按照紧张事件影响的严重性，按顺序列举了个人生活中的 43 个重大的变化事件，并依据对 5 000 人进行的社会调查资料，分别为之确定分数，这些分数以一个“生活变化单位”（LCU）为单位。在一年之内，若生活变化事件分数的总和低于 150 个 LCU，那么来年即可健康安泰；若分数总和在 150～300 个 LCU 之间，那么来年有一半的可能性会患病；若分数总和超过 300 个 LCU，那么来年患病的可能性是 70%。

2. 科亭顿生活事件记录表

20 世纪 70 年代，科亭顿（Cottington）依据“社会性重新调整计量表”的样式和计分方法发展了适用学前儿童的“科亭顿生活事件记录表”，用以直接和定量地测定学前儿童的精神压力状态。“科亭顿生活事件记录表”为学前儿童的记录列举了30个事件，不同的生活事件根据社会调查资料给以不同的分数。例如，父母离异为78分，父母死亡为89分，父母住医院为59分，父母经济状况发生变化为21分。与“社会性重新调查计量表”相似，在运用“科亭顿生活事件记录表”时，在一年之内学前儿童生活变化事件的分数总和越高，就表明该学前儿童越处于紧张状态之中，其受损伤的可能性越大。

“科亭顿生活事件记录表”能较为客观地研究学前儿童的精神压力生活，但是该记录表有其局限性。例如，它只是从总体上测量学前儿童的生活变化事件，没有区分积极的和消极的生活变化事件。另外，每个学前儿童对某一生活变化事件的认知、评价、耐受能力和解决问题的能力都不相同，该记录表没有反映出这种个体差异性。

二、学前儿童精神压力的根源

艾瑞克·埃里克松（E. H. Erikson）曾描述学前儿童面临的与精神压力有关的四种类型的情况，它们是动机冲突、社会经济状况、教育机构状况、心理创伤。

（一）动机冲突

动机与需要有不可分割的联系，动机是在需要的基础上产生的。如果把需要看作人生存发展所依赖的条件，那么动机就是这些需要的具体表现。动机推动人为满足某种需要进行各级活动，是人的活动的内在原因。个体在有目的的行为活动中，如若同时存在着一个或几个所欲求的目标，而又存在着两个以上相互排斥的动机，就会产生动机冲突。动机冲突是心理冲突的核心内容，常会造成部分动机或全部动机得不到满足。动机冲突在学前儿童中经常发生，是干扰他们正常发育和发展的重要因素。尽管学前儿童的动机并不那么复杂，冲突的解决和处理也相对容易，但是有些动机冲突的情境若不及时和妥善地解决，就会使他们处于紧张状态，造成他们强烈的情绪波动。

（二）社会经济状况

学前儿童与其他社会人群一样，生活在复杂的社会-文化体系之中。这个体系包括经济关系、伦理道德、宗教、风俗、社会安定状况、社会福利状况等等，这些都可能对学前儿童内在的心理品质和行为方式的形成产生影响。例如，社会经济状态的剧变、社会文化的变迁、社会关系的变故等都可能给学前儿童造成精神压力，成为他们社会适应不良的因素。

（三）教育机构状况

托幼机构是学前儿童最早加入的集体教育机构，对学前儿童的社会适应性行为的形成具有深远的影响。学前儿童对教师存在着很大的依赖性，如果学前儿童与教师之间的关系不密切、不融洽、不协调，如果学前儿童没有生活在气氛融洽的环境中，往往会导致其心理上不平衡，从而产生精神压力。例如，学前儿童如果对教师的要求无所适从，在集体生活中得不到教师的爱抚、尊重、关心和承认，甚至经常受到冷落或惩罚，就会使他们缺乏安全感，在心理上造成压力。教师的人格特征在教师与学前儿童的人际关系中起到了至关重要的作用。教师如若脾气粗暴，情绪反复无常，偏执和偏爱，对学前儿童不友善、不亲热、不公正，无同情心和爱心，对学前儿童的要求不合理等，都可造成学前儿童与教师的关系紧张。此外，托幼机构教育和教学活动的组织和安排也与学前儿童的紧张状态密切相关。若托幼机构对学前儿童期望过高，将学前教育和教学成人化，给学前儿童强行灌输各种知识，对他们提出不切实际的要求，也都会导致他们心理紧张。

（四）心理创伤

来自托幼机构、家庭、社会和学前儿童自身的能引起其心理紧张的因素不胜枚举。在诸多因素中，威胁到学前儿童安全感的精神压力事件，特别是突发的生活变化事件（如亲人的突然死亡等）或能产生持久影响的紧张生活事件（如残疾等），会成为他们心理的创伤，成为他们重要的精神压力来源。

三、学前儿童精神压力的减缓和消除

一般而言，学前儿童的精神压力与外界环境对他们的压力、他们自身内部的压力以及他们心理的自我强度等有关。因此，减缓和消除学前儿童的精神压力，一般从减轻外界环境和自身内部的压力以及增强自身心理强度等方面入手。

（一）减轻外界环境的压力

外界环境的压力一般可分为心理压力和生理压力两大类。

1. 减轻心理压力

心理压力主要有人际关系的压力、社会关系的压力、对学前儿童的期待所造成的压力等等。减轻学前儿童心理压力的方式如下：

（1）优化托幼机构环境。

1）完善教师的人格。

实践表明，教师稳定的情绪和完整的人格是影响学前儿童心理健康的重要因素。

托幼机构教师的职业要求教师具有高度稳定的人格，对学前儿童充满爱，热爱学前儿童教育事业，在任何情况下都能自觉地将个人的不良情绪排除在与学前儿童接触的过程之外，能体谅、满足和接受学前儿童的需要和合理的要求。教师要不断地改善自己的个性品质和心理健康状况，在教育实践中对学前儿童充满热情和爱心，克服认识上的绝对化以及看问题的片面、割裂或偏执，防止情绪和行为上的偏激。学前儿童对教师有一种特殊的情感，他们常把教师当作父母的化身，甚至将教师的权威性看得比父母更高。学前儿童喜爱的教师是待人和善可亲、耐心、民主、公正、性格开朗的，教师对学前儿童的爱抚和关心会增加学前儿童对教师的信任感，使学前儿童对托幼机构的集体生活产生安全感，这些情感会激发学前儿童积极的认知和意志活动，调节学前儿童的行为和情绪情感，避免学前儿童处于高度精神压力状态。

2）建立良好的同伴关系。

在托幼机构中，学前儿童除了与教师交往以外，还要与同伴交往，同伴关系对学前儿童的身心发展具有重要作用，不和谐的同伴关系也可能给学前儿童造成精神压力。教师要善于利用集体活动的机会，帮助学前儿童建立友好的同伴关系。例如，让学前儿童学习集体生活中的各种礼貌用语，使其逐渐摆脱以自我为中心的思维方式，逐渐学会看问题不仅要从自己的立场和观点出发，也要考虑别人的立场和观点，鼓励学前儿童在集体中形成友好相处、相互合作、相互帮助、共同分享的良好行为，让学前儿童在这种同伴关系中轻松、愉快地生活和学习。

3）适度的教学要求。

托幼机构的教育和教学的艺术在于掌握适宜的紧张度。在适合学前儿童发展水平的目标和要求下，学前儿童才会以最大的主动性投入各项活动。对学前儿童没有要求，或者要求过低，会使学前儿童行动懒散，精神不振；相反，对学前儿童期望过高、要求过严，则会使学前儿童产生畏难情绪，降低其自信心，从而导致学前儿童产生精神压力。因此，教学要求要符合学前儿童的发展水平，要适度。

（2）其他外界环境的心理压力。

此外，家庭的人际关系和社会的人际关系以及家庭、社会对学前儿童的期望等也都会对学前儿童造成压力，使其产生精神压力。减轻外界环境的心理压力也应包含这些方面。

2. 减轻生理压力

外界的生理压力包括不适当的温度、湿度、照明、空间、噪声等不良物理因素的长期刺激等。例如，长期的高强度的噪声会刺激学前儿童，使其大脑皮质的兴奋和抑制过程平衡失调，条件反射产生异常，脑血管张力功能受损，植物神经功能紊乱。这类不良刺激会使学前儿童情绪和行为发生紧张性变化，改变这种不良的物理环境，能减轻外界环境对学前儿童的生理压力。

（二）减轻内在的压力

人的动机是建立在需要的基础之上的，当需要和动机不能顺利实现时，常产生挫折，挫折的时间越长，强度越大，人所受的内在压力就越大，越易导致人的心理紧张。

人从出生开始就产生了需要，随着学前儿童身心的发展以及其与社会接触面的扩大，学前儿童的需要也渐趋复杂。小年龄的学前儿童对于较低层次的需要较为迫切，当环境不能及时提供条件满足他们对食物、水、睡眠、休息、衣着和运动等基本生理需要时，会使他们产生消极或紧张情绪。若不能满足学前儿童对较高层次的需要，他们就会产生不安，高层次需要的满足代表了一种普遍的健康趋势。

减轻学前儿童内在的精神压力，家庭、托幼机构以及社会诸方面应尽量从学前儿童的立场出发，满足学前儿童的各种合理需要。例如，对于学前儿童而言，游戏是他们在已有的经验基础上的自我表现活动，可以满足自身发展的需要，达到情感和智慧上的平衡，丰富和完善自己的人格内涵。满足学前儿童游戏的需要，能在很大程度上舒缓学前儿童的紧张心理。

（三）增强学前儿童自身的心理强度

人的自身心理强度指的是人应对内外压力的能力。人能否适应周围的环境、能否承受和应对内在的压力，在很大程度上取决于人的自我心理强度。人对环境刺激和内在压力的认识、评价、容忍力以及解决问题的能力都与人的自身心理强度联系在一起。通过心理健康教育，能有效地增强学前儿童的心理强度，减轻因外界环境刺激引起的压力和内在压力等可能导致的精神压力的程度。

第二节 与神经性习惯有关的心理健康问题

学前儿童与神经性习惯有关的心理健康问题主要有吮吸手指和衣物、咬指甲和其他物品、习惯性阴部摩擦、遗尿症等。

一、吮吸手指和衣物

（一）案例呈现

诚诚，5岁，上幼儿园中班。每天晚上都要把一件红色的小外套抓在手里才肯睡觉，总是要在吮吸衣服的过程中进入梦乡，往往睡着的时候小外套已被弄湿一大片。在幼儿园，无所事事或者很紧张的时候，诚诚总是会把大拇指放在嘴里吮吸，甚至有时候手指都被吸得肿起来。家人和老师对此都很着急，不知道该怎样纠正。

（二）心理原因

在婴幼儿时期，吮吸手指和衣物是一种很常见的行为。婴儿出生后第一年被称为“口腔期”，是人格发展的第一个基础阶段。他们强烈需要一种安全感，吸吮需求很强烈，在睡觉时间更为明显。

当幼儿处于陌生环境下没有安全感的时候，在幼儿需要爱抚、温暖却没有得到安慰的时候，在幼儿做错事被批评后需要安慰的时候等，幼儿都比较容易出现吮吸手指并希望可以通过这一行为来分散注意力，以安慰自己，满足当时的心理需要，如果长期处于心理紧张状态，幼儿的吮吸手指就会成为一种神经性习惯，因为这常是幼儿自我心理补偿的一种手段。

（三）引起的后果

学前儿童吮吸手指的行为会受到同伴和成人的非议，这些学前儿童也会因为吮吸手指或其他物品的行为而感到害羞、焦虑。这种行为习惯可引起消化道感染或肠道寄生虫病，造成学前儿童营养不良，影响其生长发育，还可能引起手指肿胀、脱皮、发炎和局部化脓感染。如果这种行为习惯延续到学前儿童牙齿替换时期，则可能导致下颌发育不良，牙列异常，上下牙对合不齐，甚至妨碍咀嚼功能的发展。

（四）预防和教育干预

学前儿童吮吸手指的不良习惯，一般随年龄的增长会自行消失，若能及早发现和纠正，则可及早治愈。预防学前儿童吮吸手指和衣物习惯的关键在于运用正确的喂养方法，进行定时、定量喂养，让他们从小养成良好的生活和饮食习惯。采用在学前儿童手指上涂抹苦味剂的方法可以纠正部分学前儿童吮吸手指的行为，但更好的方法是用学前儿童感兴趣的活动去吸引他们的注意力，分散他们对这一固有习惯的注意。此外，还要对这些学前儿童多给予爱护，使他们在心理上获得满足。

二、咬指甲和其他物品

（一）案例呈现

朵朵，6岁，上幼儿园大班。在幼儿园或者放学回家写作业时，朵朵总是一边思考，一边咬左手的指甲。时间一长，朵朵左手的5个指甲都非常短，有时候甚至还会出血。父母屡次禁止，但情况始终没有改善，朵朵自己也很苦恼。

（二）行为表现

学前儿童经常控制不住地用牙齿将长出的手指甲咬去，甚至吃掉手指甲，特别是在3～6岁的学前儿童中，发生率比较高。严重者，可以把10个手指的指甲咬得很短，甚至造成甲床出血。有的不仅咬指甲，还咬指甲和手上各小关节侧的皮肤、衣袖以及其他物品。有些学前儿童还伴有多动、睡眠不安、吮吸手指、挖鼻孔等行为问题，在情绪不安时，咬指甲的行为表现得更为突出。

（三）原因

根据调查资料分析，学前儿童咬指甲和其他物品是因为有内在的精神压力。有的学前儿童是因为不愿去幼儿园，有的则是因父母或教师管得严厉。在强烈的心理压力或高度焦虑的情况下，他们开始咬指甲或其他物品，一旦形成习惯以后，即使上述诸因素不复存在，这种行为也会经常发生。

（四）预防和教育干预

预防和教育干预学前儿童咬指甲和其他物品的不良习惯，应从消除引起学前儿童精神压力的因素入手。一般来说，劝诫和责罚都不能取得良好的效果，在指甲上涂抹苦味剂或辣物可以帮助部分学前儿童克服这种行为习惯。对这种行为习惯较严重的学前儿童，可采用行为教育干预的方法。

三、习惯性阴部摩擦

习惯性阴部摩擦，也叫情感性交叉擦腿，是儿童时期的一种神经精神类疾病。临床表现为阵发性两腿交叉、夹紧、用力摩擦阴部等。

（一）案例呈现

天天，男，6岁，上幼儿园大班。老师最近发现，午睡醒来还没有到起床时间的时候，天天总会在被子里鼓捣他的“小东西”，看见老师走过来就两眼紧闭，神情非常紧张。老师跟天天的父母沟通后了解到，父母也发现天天在入睡前有类似的行为，并曾告诉他好孩子不能这样做。

（二）行为表现

有些学前儿童喜爱用手抚弄自己的生殖器，部分女孩有时两腿交叉上下移擦，或将小物体塞进阴道。年龄稍大的学前儿童则会靠在家具角上或骑坐的某种物体上活动身体，摩擦阴部。学前儿童在做习惯性阴部摩擦时，常常面部发红，眼神凝视，表情紧张，有时还伴有出汗、气喘等。

有这种不良行为习惯的学前儿童，有时会不分场合地进行阴部摩擦，但大多数是在入睡以前或刚醒来时进行，持续数分钟，也有的会为了避免成人干涉而暗自进行。学前儿童的这种行为很少伴有幻想，仅仅是一种单纯的抚弄或摩擦性器官的行为。

（三）原因

这种行为习惯有时是因局部的疾病，如湿疹、包茎、蛲虫病等引起的局部痒感而引起，也可能是偶然形成的，一般十分顽固。学前儿童抚弄生殖器原属无知，但如果成人给予极大的关注，甚至采用恐吓、打骂的方法对学前儿童施加压力，会使学前儿童对这种行为产生罪恶感和神秘感，引起情绪紧张，有时反而会强化学前儿童的这种行为。

（四）预防和教育干预

预防习惯性阴部摩擦的方法主要在于良好生活习惯的培养和教育。应给学前儿童经常清洗生殖器，保持清洁和干燥。不要让学前儿童过早卧床，或让其一个人在床上玩得太久，要培养学前儿童上床就入睡、醒来就起床的习惯。学前儿童在入睡时姿势要正确，平时穿戴不要太多太热，不要穿太紧太小的裤子。要经常注意学前儿童有无寄生虫等疾病，发现疾病及时干预。应尽可能避免学前儿童用手或物品去触碰自己的生殖器。

四、遗尿症

遗尿症俗称尿床，通常指小儿在熟睡时不自主地排尿。一般至 4 岁时仅 20%有遗尿，10 岁时 5%有遗尿，有少数人遗尿症持续到成年期。没有明显尿路或神经系统器质性病变称为原发性遗尿，占 70%～80%。

（一）案例呈现

明明，5 岁半，上幼儿园大班。近半个多月来，明明晚上老是尿床，平均每两天就尿床一次，严重时一晚上还会尿床两三次。家长了解到近两周幼儿园的夜餐大多是稀饭或汤类，这可能导致明明夜间多尿。加上每次尿床后，家长都会在第二天直接告诉老师，由于没有注意避开其他孩子，使得全班都知道明明尿床了，于是明明成了班上小朋友嘲笑的对象，这反过来又加重了明明的紧张和焦虑，尿床的情况不但没有停止，反而加重了。

（二）行为表现

学前儿童在 3 岁以后白天不能控制排尿，或在 5 岁以后仍经常不能从睡眠中醒来自主排尿，称为遗尿症。一般两三岁的儿童已经能够自行控制排尿，在夜间偶尔遗尿，属正常情况。

（三）原因

在 3 岁以后，尤其是 5 岁以后经常遗尿的学前儿童中，有 10%左右是由于器质性疾病而遗尿，故称器质性遗尿；有 90%左右的学前儿童是由于大脑皮质及皮质下中枢功能失调而遗尿，称为功能性遗尿。其中，最主要的是与学前儿童的精神有关，如突然受惊吓、对新环境不适应等。

（四）教育干预

应教育和鼓励患儿克服怕羞紧张情绪，勿增加其精神负担，帮助其树立战胜疾病的信心。睡前和晚饭后控制饮水量，在幼儿经常遗尿的钟点前唤醒其自主排尿，不让其过分疲劳和兴奋。

第三节　与情绪有关的心理健康问题

由于某些生理的、心理的原因，当学前儿童不能正常地发挥其人格的效能时，就可能产生情绪方面的紊乱，在社会生活和交往中出现困难，自身也会陷入情绪不安的状态，并可能产生暴怒发作、夜惊、睡眠不安、社会退缩行为、自卑等问题。

要严格区分学前儿童的正常情绪表现和情绪障碍是困难的，因为这个问题除了具有生物学方面的含义外，还涉及学前儿童情绪生活的方式和内容、人际关系方面的各种矛盾和纠葛，以及学前儿童所处的社会背景等方面。由于衡量的标准不一致，调查的结果存在着差异。据有些研究人员所做的流行学调查，3%～5%的学前儿童有较为严重的情绪障碍，如果衡量的标准再放松一点，那么比率就更高。

情绪障碍在男女学前儿童中发生率相接近。它的预后相对较好，随着学前儿童年龄的增长，大部分学前儿童的情绪障碍会自然消失，只有少数人在成年以后有神经症性障碍或抑郁表现。

学前儿童与情绪有关的心理健康问题主要有恐惧不安、屏气发作、暴怒发作、夜惊梦魇、学前儿童抑郁症等。

一、恐惧不安

恐惧不安的情绪在学前儿童中很常见。学前儿童的恐惧可表现在多方面，从对某些具体事物的恐惧，如怕动物、怕火、怕水、怕陌生人，到对某些抽象概念的恐惧，如怕被丢失、怕死、怕被拐骗等等。

（一）案例呈现

华华，4岁半，上幼儿园中班。她最近突然变得很胆小、很紧张，害怕单独一人，总是要妈妈陪着，也拒绝到幼儿园上学，一听去幼儿园，就大哭大闹、恐惧万分，晚上睡觉也不安稳，有时会从梦中惊醒，哭闹不止。老师通过与家长交谈，了解到华华的妈妈此前曾出差一个多星期，其爸爸因为工作太忙，总是很晚才到幼儿园接孩子，华华经常是全园中最后一个被接走的，她感到孤单、害怕，担心爸爸忘了她。即使回到家里，爸爸也忙于家务和自己的事，没有像妈妈那样关怀和照顾自己，为此，华华更加害怕。加上华华又在电视上看到了一些有死亡镜头的电视片，令她恐惧万分，她以为自己的妈妈也死了。虽然后来妈妈回来了，但华华却不敢去上学了，也不敢离开妈妈半步，情绪处于紧张恐惧状态。

（二）惧怕对象和阶段性

学前儿童在恐惧时，会表现出惊叫、回避等情绪反应以及发抖、面色苍白、心跳加速、呼吸增快等生理反应。

1．惧怕对象

学前儿童产生恐惧的因素很多，某些恐惧的情绪十分普遍。现代神经研究表明，杏仁核是位于颞叶内侧的一组核团的总称，在情绪学习和恐惧记忆的形成中起着重要作用。在杏仁核中，与条件恐惧记忆密切相关的两个核团是基底外侧复合体（basolateral complex）和中央核（central nucleus of amygdala）。

2. 发展阶段

恐惧的情绪不仅在学前期比较多见，而且还常发生在某些特殊的发展阶段。一般而言，在学前儿童成长的过程中，他们对某些惧怕对象所产生的恐惧持续的时间比较短，常常可以不需用任何处理即会自行消失。米勒（Miller）等人 1974 年提出：不同年龄的学前儿童有不同的恐惧对象（见表 3－1）。因此，对于学前儿童某些年龄阶段中出现的暂时性的、程度较轻的恐惧，应视为正常的恐惧表现。

表 3－1　不同年龄的学前儿童的恐惧对象

年龄	恐惧对象
0～6 个月	巨声、失去支持
6～9 个月	陌生人
1 岁	分离、外伤、如厕
2 岁	幻想中的生灵、死亡、强盗
3 岁	狗、孤独一人
4 岁	黑暗
6～12 岁	上学、外伤、自然灾害、社交

资料来源：朱家雄．学前儿童心理卫生与辅导．长春：东北师范大学出版社，2003：39.

少数学前儿童的恐惧比较严重，到了一定的年龄仍不消退，以至于明显地干扰了他们的正常生活，造成他们社会适应性困难，成为他们情绪上的一种障碍，影响他们心理的健康发展，有的还会引起严重的焦虑和恐惧，甚至形成恐怖症。

（三）行为主义的观点

行为主义学派认为，学前儿童恐惧是学前儿童从特殊的刺激获得的直接经验所致，因而是习得的。约翰·华生（J. B. Waston）等人曾用实验表明经典的条件反射在恐惧形成中的作用。他们给 11 个月龄的学前儿童观察小白鼠。起初，小白鼠没有引起该学前儿童的任何恐惧反应（小白鼠属中性刺激），但将小白鼠与该学前儿童惧怕的巨声（非条件刺激）同时呈现时，原先并不引起恐惧反应的小白鼠即可使该学前儿童出现恐惧反应（小白鼠成了条件刺激），而且，由这种反射而建立起来的恐惧反应可以泛化。学前儿童的恐惧反应由共鸣性的方式学习而得到。当学前儿童看到父母或者家庭其他成员对某种外界刺激或情境表现出过度的恐惧和做出回避反应时，即可通过共鸣性的学习对同样的刺激也表现恐惧情绪。不少人发现，有过度恐惧反应的学前儿童，他们的父母也往往有过度的恐惧倾向，而且他们的恐惧对象或场合也与学前儿童相类似。还有研究表明，学前儿童产生的恐惧也可以通过操作性条件反射而获得强化。例如，一个学前儿童因为害怕去幼儿园而不愿去幼儿园，这种行为得到了家长的允许，并留他在家中进行一些他所感兴趣的活动，那么，他对幼儿园的恐惧反应得到了强化。

（四）预防和教育

模拟示范和实践脱敏等一类行为教育干预的方法可以消除或减轻学前儿童的某些恐

惧。预防学前儿童的恐惧，关键在于教育。要鼓励学前儿童去观察和分析各种自然现象，懂得一些简单的科学知识和道理。在任何情况下不要恐吓学前儿童，不要让他们看恐怖的电视、电影和图片。要培养学前儿童养成良好的睡眠习惯，晚上不要让他们过分兴奋。要鼓励学前儿童多参加集体活动和游戏，锻炼其不畏困难、勇敢坚强的意志，帮助其克服种种恐惧心理。

二、暴怒发作

暴怒发作，指的是学前儿童在个人要求或欲望没有得到满足，或者在某些方面受到挫折时，出现哭闹、尖叫、在地上打滚、用头撞壁、撕扯自己的头发或衣服以及其他发泄不愉快情绪的过火行为。

（一）案例呈现

铮铮，男，上幼儿园中班。铮铮大部分时间由祖父母看护，祖父母十分宠爱他，几乎对他有求必应。有一次在商场买东西的时候，铮铮看中了一个玩具，但妈妈觉得太贵又玩不了多久，于是没有同意，铮铮一下子就大哭起来。妈妈准备把他拉走，但是铮铮挣脱了妈妈的手，一边哭一边在地上打起滚来，嘴里喊着："我要买，我要买!"

（二）行为表现

学前儿童在暴怒发作时，他人常常无法劝止他的这些行为，直到他们的要求得以满足，或无人理睬才为止。暴怒发作在学前儿童中比较常见，但是有部分学前儿童表现得程度比较严重，发作过于频繁。

（三）行为主义的观点

行为学派认为，学前儿童的暴怒发作是通过学习而产生，也就是说，暴怒发作最初可能由遇受挫折而引起，其后，可能由环境中其他人对此事的态度、问题的结局等因素的影响而得以维持。例如，在学前儿童发生暴怒发作时，母亲做了让步以中止其暴怒发作，但是母亲的行为却起到了助长其暴怒发作的作用，而其他学前儿童则又可通过学习模仿获得这种行为。

（四）预防和教育干预

预防学前儿童的暴怒发作，应从小培养他们懂道理、讲道理的习惯，不要过于溺爱和迁就他们。应让学前儿童懂得一些疏导自己心理紧张的方法，并在生活中加以运用，也要帮助他们控制暴怒发作行为。对于少数暴怒发作行为较为严重的学前儿童，应给予行为教育干预。例如，当学前儿童暴怒发作时，将其暂时安置在一个单独的房间里，给予短暂的隔离，使他的暴怒发作不引起人的注意，从而能使暴怒发作发生的频率逐步降低。也有些行为学派的心理工作者采用阳性强化方法培养学前儿童更好的适应行为，并能使他们认识到哪些是好的行为，哪些是不好的行为，从而对自己的暴怒发作有所控制。

三、夜惊梦魇

夜惊梦魇是部分学前儿童的一种睡眠障碍，与情绪紧张有密切的关系，在5～7岁的学前儿童中较为多见，男性学前儿童的发生率比较高。

（一）案例呈现

当当，男，6岁，上幼儿园大班。当当的父母几个月前离婚，他跟着父亲生活。当当最近在睡觉的时候常常会出现突然尖叫然后坐起来的情况，但又很难叫醒，而且第二天并不记得自己曾大声尖叫，父亲对此很担心。

（二）行为表现

学前儿童在入睡以后不久，会在没有任何外界环境刺激的情况下突然尖叫、哭喊、从床上坐起、瞪目直视或双眼紧闭，表现出十分惊恐的样子。此时，学前儿童一般难以叫醒，叫唤他们时，他们依然惊恐、哭叫或者紧紧抓住人或物以求保护，而对他人的安抚、拥抱等不予理睬。这种情况持续一会儿后，学前儿童又自行入睡。有的学前儿童还可能起床走动，偶尔会做出伤害自身或他人的行为。有时这种情况一夜可能发生数次。

梦魇是指以做噩梦为主要表现的一种睡眠障碍，多见于学前期儿童。学前儿童在做噩梦时，常伴有呼吸困难、心跳加剧，自觉全身不能动弹，常被惊醒；或者在被唤醒以后，仍有很明显的情绪失常，表现出焦虑和害怕、出冷汗、脸色苍白等。梦魇的学前儿童对梦境尚能保持片段的记忆，惊醒以后不多时，可完全摆脱对梦境的恐惧情绪，又能安然入睡。

（三）诱发因素

学前儿童夜惊，多由心理因素所致，如与抚养人长期分离、意外事故造成亲人死伤、与父母亲的矛盾冲突、父母离异、生活中遇到困难等等。有的学前儿童由于患有蛲虫等寄生虫病也会导致夜惊。对于夜惊学前儿童，一般不需药物干预，主要应消除其产生夜惊的心理诱因，减少其紧张情绪。随着学前儿童年龄的增长，大多数学前儿童的夜惊会自行消失。

学前儿童发生梦魇的因素很多，有的是因为以前有尚未解决的内心矛盾冲突及由此引起的不愉快情绪；有的是因为其躯体罹患器质性疾病，如上呼吸疲乏感染导致睡眠时呼吸不畅或肠道寄生虫病；有的是因为睡眠和饮食习惯不良，如睡时胸口受压或入睡前吃了大量食物等。消除学前儿童的内心矛盾冲突，缓解紧张情绪，注意学前儿童生活的规律性，对躯体疾病及时干预，有利于预防和消除学前儿童梦魇的发生。

四、学前儿童抑郁症

儿童抑郁症是起病于儿童或青少年期的以情绪低落为主要表现的一类精神障碍。

（一）案例呈现

萌萌，5岁，在幼儿园上中班。她以前有许多爱好，也喜欢和其他小朋友一起玩，但上中班以后，慢慢地对很多事情都没有了兴趣，后来发展为饭也不想吃，也不跟同伴交流，整天呆坐在一边，有时还会无缘无故地腹痛。周末的时候妈妈想带她到亲戚家里玩，她也不想去。

（二）行为表现

学前儿童抑郁症的表现主要有以下几种：

1. 情绪低落

抑郁症患儿往往情绪低落，体会不到生活的乐趣。过去感兴趣的事物、喜欢参加的活动，现在一点也引不起他们的兴趣。兴趣的丧失往往是从某一些活动开始的。但是，随着抑郁症的发展，患儿慢慢地对所有东西失去了兴趣，甚至是基本的生物本能如饮食，也不能引起他们的兴趣。

2. 丧失兴趣

表现为对生活没有愉快感，对一切都不感兴趣，包括玩耍在内。疏远同伴、回避社交、离群是典型的特征。

3. 自责自卑

主要体现在无端地自责自卑，夸大自己的缺点，看不到自己的优点，表现了一种认知上的不合逻辑性和不切实际性。抑郁症患儿对自己的评价总是消极的。这种消极的思维，为他眼中的自己和未来都蒙上了一层灰色。他常常以为自己是一个失败者，并且将失败的原因全归咎于他自己。他坚信自己低人一等、不够聪明、不够好看等等。总之干什么都不会成功，都没有希望。

4. 行为减少

患儿主观上感到精力不足，疲乏、无力，因而不想动弹，行动迟缓，严重时整日呆坐不动，呈木僵状态。

5. 躯体症状

患儿表现出胸闷、口干、便秘、腹痛、失眠、食欲不好、消化不良等症状。

（三）学前儿童抑郁症的矫治

第一，要引导学前儿童正确地认识自己，评价自己。一个人如果对自己没有充分的认识，不能进行正确的评价，就不可能看到自己的长处，就难以建立自尊心、树立自信心。

第二，要引导学前儿童积极参加各种文体活动，提高他们的活动水平，转移他们对抑郁情绪的体验，从而减轻抑郁症状。

第三，对抑郁情绪较为严重的学前儿童，特别是那些觉得自己无力改变目前情绪状态的学前儿童，要帮助他们寻求心理咨询者的帮助，以便在心理咨询者的指导和建议下对各种抑郁情绪表现进行系统的改变。

第四，要尊重学前儿童的人格，鼓励学前儿童表达各种情感，特别是愤怒情绪。有了这种氛围，学前儿童就不会把痛苦掩盖起来而压抑自我，也不会以其他不合理的方式发泄感情，特别是以自我伤害和自我责备达到报复的目的。

第五，要给学前儿童创设成功的机会和条件，使学前儿童产生成功的体验，这对塑造学前儿童自信心和自尊心很重要。

第四节　与行为有关的心理健康问题

学前儿童与行为有关的心理健康问题主要有攻击性行为、说谎、拒绝上幼儿园和出走等。

一、攻击性行为

心理学中把攻击性定义为他人不愿接受的出于故意或工具性目的的伤害行为。

（一）案例呈现

小刚，6 岁，上幼儿园大班。长得很结实，出手有力，攻击性强。在幼儿园里，他好强霸道，经常欺负其他小朋友，不是用手推、抓旁边的同学，就是投掷东西打别人，还用彩色笔涂脏他人的画册。老师批评他后，他会暂时收敛一点，但很快又故态复萌，继续有意无意地碰、撞、踩、踢他人。小朋友们都很讨厌他，老师也感到头疼。老师询问其家长，了解到小刚自幼由爷爷、奶奶照顾，到 4 岁半才被接回来与父母同住。由于是长孙，爷爷、奶奶宠爱有加，遂养成了小霸王作风。在家里，同样也是横行霸道，稍不如意就乱抓乱叫、乱扔东西，有时还用头冲撞父母。

（二）行为表现

在学前儿童中，攻击性行为表现为当他们遭受挫折时显得焦躁不安，采取口头伤人、打人、咬人、抓人、踢人、冲撞别人、夺取别人的东西、扔东西以及其他类似的方式，引起同伴或成人与他的对立和争斗，他们的攻击性行为有时针对教师或同伴，更多的则是针对自己的父母。攻击性行为多见于男性学前儿童。

（三）理论解释

精神分析学派认为，攻击性行为是一种本能驱动力的结果，但是，支持这种观点的证据不多。行为学派则认为，攻击性行为是一种社会学习性行为，是通过观察别人的攻击行为模式而学到的。该学派强调“模仿”和“强化”在攻击行为产生和发展方面的作用。

一些心理学工作者研究发现，男性学前儿童就比女性学前儿童有更多的攻击性。以后，这种差别更趋明显。学前儿童在攻击性行为方面的性别差异固然有先天的或生理方面的原因，如男性学前儿童身体活动的能量较大、与别人进行社会交往的能力发展较慢等等，但是这种差异主要是由后天造成的。父母对于不同性别的子女有不同的期望，认为男孩应该要强，女孩应该顺从，这种期望经常反映在他们教育子女的态度和方法之中。另外，男性学前儿童因为他们的攻击性行为更多地受到他人的惩罚，这类消极的惩罚非但没有减少他们的攻击性行为，反而强化了这种行为。

（四）攻击性行为的矫正

在学前期，矫正学前儿童的攻击性行为十分重要，否则，学前儿童期的攻击性行为可能发展成为成人期严重的人际交往和社会适应性的困难。艾伯特·班杜拉（A. Bandura）认为，将有攻击性行为的学前儿童置身于无攻击性行为的楷模之中，可减少其攻击性行为；让他们观察其他学前儿童的攻击性行为如何受到禁止或惩罚，也可起到同样的作用。在幼儿园若对攻击性行为采取不予理睬的方式，而对合作性行为给予奖励，就可能减少学前儿童的躯体或语言攻击行为。也有人提出，采用暂时隔离法来消除强化因素也是矫正攻击性行为的一种方法。无论如何，不可采用体罚的方法，因为体罚往往会增加学前儿童的攻击性行为；此外，体罚本身也可能会对学前儿童的攻击性行为起示范作用。

二、说谎

说谎在成人中属于道德品质问题，但对于学前儿童来说，可能与其认知发展水平较低等有关。但若不及时发现并解决问题，将对学前儿童的长期发展不利。

（一）案例呈现

梅梅，6岁，上幼儿园大班，因为总爱说谎话而令家长和老师担忧。询问其过去，了解到梅梅从小就聪明伶俐，2岁时就能背诵许多唐诗，也能唱许多歌曲，深得父母和爷爷奶奶的宠爱。家里人经常让其在众人面前表演，赢得了许多掌声，在这样的称赞声中，梅梅渐渐长大。进了幼儿园后，梅梅虽然也讨老师喜欢，但班上的其他小朋友也很聪明。看到别的孩子受表扬，梅梅也不甘落后，她积极发言，尽量表现自己。同时，也喜欢向小朋友炫耀自己的家庭，慢慢地，梅梅开始说假话、大话了，她向别的孩子吹嘘自己有很多玩具，向老师谎称自己家里很有钱，向家长编造自己在幼儿园受到多少表扬等。梅梅每次说谎都得到了小朋友的惊叹和爷爷奶奶的奖励。后来，与老师沟通后，梅梅妈妈发现自己的孩子在说谎，于是她生气地训斥了孩子。然而梅梅似乎并没有由此而停止说谎，为此父母很着急。

（二）类别

说谎有无意说谎和有意说谎之分。

1. 无意说谎

学前儿童由于认知发展水平较低，在思维、记忆、想象、判断等方面出现与事实不相符合的情况，而造成了说谎，这属于无意说谎。这种“谎言”不是学前儿童有意编造的，而是由他们心理发展水平的限制而产生的。因为这些学前儿童还判别不了事实的真伪虚实，即使说了谎，自己也分不清。还有些学前儿童富于幻想，会将主观幻想中的东西与客观事实相混淆，以满足幻想中的某些欲望，加上受到运用确切的语言词汇表达思想的限制，因而产生了自己也意识不到的谎言。随着学前儿童年龄的增长、认知水平的提高以及受教育水平的提高，无意说谎现象会逐渐减少。

2. 有意说谎

有些学前儿童，由于种种原因经常故意编造谎言，这是有意说谎。学前儿童做了错事，怕受到惩罚，于是编造谎言，以掩盖自己的过失，这时说谎成了学前儿童免遭惩罚的自卫手段。成人对学前儿童过分严厉，不问清事由就加以恐吓、责骂，甚至施以体罚，常会导致学前儿童产生这种问题。此外，学前儿童由于自卑、想对别人进行报复，或为了引起他人的注意、满足自己的虚荣心，有时也会说谎。比如，为了对他人的攻击性行为进行报复而谎报情由等等。如果学前儿童通过说谎能够达到目的，那么这种结果会无形中对其说谎行为起到强化作用。久而久之，说谎就会成为一种顽习，即使在没有必要说谎的时候也会编造谎言，从而构成严重的行为问题。

（三）预防和纠正

预防和纠正学前儿童的说谎行为，关键在于教育。应让学前儿童懂得说老实话、做老实事，用诚实的行为规范要求自己。但更应让学前儿童从小就生活在和谐、融洽的环境之中。家庭和幼儿园集体成员之间应相互信任，即使在学前儿童犯了错误的情况下也要尽量避免给予训斥，要多给予热情的帮助，给予改正错误的机会。在这种和睦、协调、充满信任的生活环境里，学前儿童就会自然地吐露真情，无须掩饰、隐瞒和欺骗。父母和教师的言传身教也很重要。在学前儿童面前，父母和教师应该实事求是，不弄虚作假，这对学前儿童诚实行为的形成能起到潜移默化的作用。对于少数有社会适应性困难的学前儿童，即使发现他们有说谎行为，也不要就事论事，要首先帮助他们减轻和消除紧张心理。

三、拒绝上幼儿园

（一）案例呈现

飞飞，5 岁，在幼儿园上中班。有一天飞飞拉肚子不舒服，妈妈让他卧床休息，并在家陪了他一天。后来飞飞就一直不愿意去幼儿园，每天早上都说自己肚子痛，父母怎么说也不听。

（二）行为表现和原因

学前儿童初次上托儿所或幼儿园，不习惯与父母亲分离，出现一些情绪波动，这很正常。有的学前儿童情绪波动过大，持续时间过长，甚至害怕或者拒绝上幼儿园，一提到去幼儿园就说头痛或腹痛，如果任这种行为发展，容易使学前儿童拒学或逃学。

上海精神卫生中心对 30 002 例 4.5～5.5 岁学前儿童的调查发现，有 25.43%的学前儿童不同程度地害怕或者拒绝上幼儿园。造成这种行为的主要原因可能是成人对学前儿童过分溺爱和娇惯，形成过于强烈的亲子依存关系，这样学前儿童一旦离开亲人，就会产生紧张心理和不安；也可能是亲子关系过分冷淡，学前儿童为了赢得亲人的爱抚和关心，一步也不愿离开自己的亲人。

（三）干预

对于拒绝上幼儿园和离家出走的学前儿童，应充分了解他们的生活环境和心理状况，减少他们的心理压力，努力改善亲子关系，并积极促进他们社会性的发展，鼓励他们参加游戏和集体生活，增强他们的社会适应能力。在学前期对学前儿童进行积极的引导和教育，有助于纠正学前儿童的这类行为。

第五节　与语言有关的心理健康问题

学前儿童与语言有关的心理健康问题主要有发展性语言障碍、发展性语音不清、口吃和选择性缄默等。

一、发展性语言障碍

发展性语言障碍是一种由大脑发育迟缓而造成的语言障碍，可以分为接受性语言障碍和表达性语言障碍两类。

（一）案例呈现

菁菁，4 岁半。妈妈把许多不同种类的水果放在她面前，问她哪一个是苹果，她能正确地把苹果指出来，但如果妈妈指着苹果问她这是什么，她不能清晰地说出“苹果”这两个字，即使在妈妈的引导下说了出来，也会很快忘记这个词汇。

（二）行为表现

患有接受性语言障碍的学前儿童，不能理解简单的言语指令。他们能够对环境中的声音做出相应的反应，而对有意义的言语却毫无反应。而有表达性语言障碍的学前儿童，能理解简单的言语指令，根据言语指令做出相应的反应。他们在学习说话的时候能发出一些语音，但是常常不能很好地组词，学了新词就忘了旧词，因而词汇十分贫乏，语句生涩难懂，尤其是学习语言的速度比一般学前儿童慢得多。这些学前儿童的智力发展一般都良好，内在语言的发展也正常，但喜欢用手势和眼神表达自己的情感和需要，也乐意与别人做各种不需要语言交流的游戏。由于语言交往方面有困难，这些学前儿童可能出现焦虑不安、退缩、执拗、遗尿、吮吸手指等心理和行为问题。

（三）对语言障碍的处理和教育干预

发展性语言障碍产生的原因尚不明确，可能与脑组织有关部位的功能发育不完善或损伤有关。患表达性语言障碍的学前儿童，一般随着年龄的增大，经过教育干预，可以逐渐获得正常的语言能力。患有接受性语言障碍的学前儿童更需经过特殊的训练，才有可能获得语言能力。

对患有发展性语言障碍的学前儿童进行教育干预，首先要认清他们问题的性质，有针对性地对他们进行语言功能的特殊训练。对患有接受性语言障碍的学前儿童，应着重训练其对语言的理解、听觉记忆、听觉知觉，而对患有表达性语言障碍的学前儿童则应着重训练模仿别人说话。这种语言能力的训练由易到难，若长期坚持，语言能力有望得到较大的改善。

二、发展性语音不清

发展性语音不清，指的是学前儿童不存在发音器官或神经系统的器质性病变，但是在说话时语音不清晰，尤其是对如 s、sh、z、zh、x、p、b、d、t、l、m、n 等声母发音不清，讲话不能成句。轻者，说话虽然能被人听懂，但是吐词不准，语音含混，重者则让人不知所云。发展性语音不清主要发生在学前期，男性学前儿童多于女性学前儿童，男女之比为 1.8～3.3∶1。

（一）案例呈现

丁丁，男，4 岁，在幼儿园上中班。在班上发言的时候，丁丁许多音节都不分，有些话很难听懂。慢慢地，其他小朋友都不太愿意和他说话了，丁丁很难过，觉得别人都不喜欢自己。

（二）行为表现

在语言发展过程中，普通学前儿童也会出现发音错误、遗漏、代换等情况。例如，3～4 岁的学前儿童由于生理上不够成熟，不能恰当地支配发声器官，唇和舌的运动不够有力，下腭也不够灵活，因而发出的语音往往分化不明显，说出的常是两个语音之间的音。通过学习和纠正，他们的发音会日趋正确。患有发展性语音不清的学前儿童则不同，他们不能自行纠正发音，虽然随着年龄的增长发音状况得到改善，但是常常对新学的词句能正确发音，对原来不正确的发音不能纠正。

（三）教育干预

产生发展性语音不清的原因可能是与发音有关的神经系统发育迟缓，也可能是与学前儿童在学习语言时与发音不清的人交往和模仿有关。轻度的发展性语音不清，一般可以随年龄的增长而自行消失，但是，对于重度发展性语音不清的学前儿童，应进行言语矫正教育干预，越早教育干预，效果越好。此外，对这些学前儿童辅以心理教育干预也是必要的，因为发展性言语不清的学前儿童，特别是情况比较严重的学前儿童，由于发音不清，常会造成人际交往方面的困难，并伴有害羞、自卑、退缩、孤僻等情绪和行为。

三、口吃

口吃是一种常见的语言节律的障碍。患有口吃的学前儿童在说话时字音或字句有不正确的停顿和重复表现，同时多伴有跺脚、摇头、拍腿、扮鬼脸或抽动的动作。他们大多自卑、羞怯、退缩、孤独、不合群。

（一）案例呈现

哲哲，4 岁，上幼儿园中班。哲哲原来是个口齿伶俐的小男孩，不知为什么，最近两个星期以来，突然有了口吃的现象。他讲话时结结巴巴，一个字要重复好几次才能接着说下一个字。老师叫他慢慢说或深呼吸再说，都没有用。后来，老师询问其父母，了解到哲哲口吃的原因。原来哲哲的舅舅最近到他们家住了一个星期，而哲哲的舅舅有口吃。哲哲觉得舅舅说话结巴挺好玩的，就经常模仿舅舅说话，不料自己也变得口吃了。哲哲的父母很着急，听见孩子口吃就制止他、骂他，但似乎无济于事。

（二）行为表现

患有口吃的学前儿童，由于发音-呼吸器官细微的紧张性痉挛，导致语言的节律失调，产生口吃；由于口吃又会造成心理紧张，因此他们在激动、恐惧或情绪兴奋时口吃更为严重。口吃出现的年龄以 2～5 岁最为多见。患有口吃的学前儿童占一般学前儿童的 1%～2%，男女学前儿童发生率之比约为 2～5∶1。

有人根据口吃发生的年龄及其发展过程，将口吃分为以下几种情况：

（1）发展性语言不流畅。这种口吃最为多见，发生于 1～5 岁的学前儿童，一般情况下 5 岁以后可自行消失。

（2）良性口吃。发生于 3～11 岁，经过 2 年或 2 年以上可自行消失。

（3）慢性口吃。这种口吃不能自行消失。

（三）形成口吃的可能性原因

口吃形成的原因尚不明确。学前儿童的口吃常发生在急性的精神创伤后（如火灾、地震、战争、父母离异等等），此外，长期延续性的不良心理刺激、教育不当、对口吃患者的模仿等都可导致口吃。

（四）预防和教育干预

由于口吃的形成与心理因素有密切的联系，对口吃的预防和矫治可以从解除学前儿童的心理紧张入手。对于患有口吃的学前儿童，要帮助他们消除周围环境中的各种不良因素，如周围人的嘲笑、模仿，家长或教师的责骂或过分矫正等等。要避免让周围人过分注意他们的缺陷，积极鼓励他们主动学习，进行语言训练，增强自信心。4 岁以后的学前儿童已经出现了对自己语言的意识，如果对其口吃现象施加心理压力，不但难以矫正语言缺陷，还会对其人格的发展产生不良的影响。

四、选择性缄默

选择性缄默，指的是学前儿童在特定场合如学校或陌生人面前持续沉默不语或几乎无语，而在其他环境中言谈自如。

（一）案例呈现

宁宁，5 岁，在幼儿园上中班。宁宁一到幼儿园就一声不吭，既不跟老师说话，也不跟同伴说话，但是回到家里就会很主动地和爸爸妈妈说话。一段时间后老师反映了这个情况，爸爸妈妈都觉得很奇怪，告诉宁宁不能这样做。但是，宁宁在幼儿园还是不说话，也不敢看老师的眼睛，这种情况已经持续了 1 个多月了。

（二）行为表现

缄默时常伴有焦虑、退缩、违抗等情绪和行为。这种情况至少持续 1 个月，但不包括初入幼儿园或入学的第 1 个月。临床表现除在特定场合沉默不语外，还表现为非言语性焦虑症状，如回避对视、不安等；回避需要讲话的场合；非言语性参与或活动受限；合并其他焦虑。

（三）原因

选择性缄默的病因可能有：（1）气质特点为退缩倾向、适应慢；（2）抚养人有害羞、焦虑的特点；（3）言语/ 语言障碍；（4）进入不同社会文化环境（如移民）；（5）家庭、学校和社会支持差。

（四）教育干预

以心理行为教育干预为主。如果是在幼儿园缄默则采用以幼儿园为基础的方法，如与家庭有关则需要家庭教育干预。对伴随症状可联合药物对症干预。经过教育干预和积极的环境支持，多数选择性缄默学前儿童能在 1 年内恢复正常，很少有长期持续的。

思考与练习

1. 拉扎鲁斯对精神压力状态的定义是什么？
2. 如何理解交互作用理论的核心？
3. 适应的定义是什么？
4. 学前儿童精神压力的根源是什么？

5. 在减轻学前儿童精神压力中，增强学前儿童自身心理强度的意义是什么？

6. 如何对学前儿童吮吸手指的行为进行预防和教育干预？习惯性阴部摩擦的原因是什么，如何预防和教育干预？

7. 学前儿童暴怒发作的行为表现和诱发原因是什么？如何预防和教育干预？

8. 与行为有关的学前儿童心理健康问题有哪些？

9. 应如何看待学前儿童的说谎行为？

10. 学前儿童口吃行为的形成原因是什么？如何预防和教育干预？

阅读导航

1. 刘文．幼儿心理健康教育［M］．北京：中国轻工业出版社，2008.

2. 刘云艳．幼儿心理健康教育［M］．南京：南京师范大学出版社，2014.

3. 张大均．幼儿心理健康教育［M］．北京：开明出版社，2012.

第四章

关于学前儿童心理教育的理论分析

本章导读

理论是实践的先导。分析学前儿童心理理论，有助于了解学前儿童行为问题出现的原因和解决问题的方法。本章将从研究学前儿童心理发展的三种经典理论（精神分析理论、行为主义理论和人本主义理论）以及几种新兴的学前儿童心理理论（个体心理学理论、沟通分析理论、完形教育干预和理性情感教育干预理论、认知发展理论、依恋理论等）入手，对其中关于学前儿童心理教育的部分进行阐述。

案例观察

案例：嘟嘟，男，3岁。刚上幼儿园与妈妈分离时，嘟嘟总是抱着妈妈的腿大哭，不许妈妈离开，妈妈离开后也总要哭闹很久，谁也哄不好。但当妈妈回来抱他的时候，他总是挣脱，不让妈妈抱。

思考：嘟嘟对母亲的依恋类型是什么？可能是由什么原因造成的？

分析：嘟嘟属于焦虑-矛盾型依恋。焦虑-矛盾型依恋风格的幼儿会对探索行为及陌生人焦虑，即使母亲在场也是如此。当母亲离开时幼儿的反应是极端沮丧、试图寻找，当母亲返回时幼儿的表现是内心矛盾，既想接近母亲并保持与母亲的亲密，又在母亲开始关注时进行拒绝和抵抗，想要对母亲进行惩罚。

焦虑-矛盾型依恋是一种不安全的依恋类型。幼儿不相信母亲。母亲一定程度上满足幼儿的需要，但常常是马虎的，有时候及时，有时候不及时，有时候理解正确，有时候却给孩子不适当的满足。

第一节　关于学前儿童心理教育的三种经典理论

对学前儿童心理教育有着非常重要影响的是心理学上的三种经典理论，包括弗洛伊德的精神分析理论、行为主义理论以及人本主义理论。这三种经典理论分别从学前儿童内在本能、外在行为以及主观能动性的角度对学前儿童心理发展做出了系统的阐述，并对以后的学前儿童心理理论的发展产生了极大影响。

一、弗洛伊德的精神分析理论

精神动力学是弗洛伊德创始的理论，其理论体系涉及的范围极广。弗洛伊德在人格结构、心性的发展及防御机制三个方面对学前儿童发展的情况做了深入的解释。精神分析理论强调，人格内部的冲突和情绪扰乱是心理疾患的根源，而防御机制是自我为了能减轻痛苦的一种自发的、习惯的反应。

（一）人格结构

弗洛伊德把人格结构分为三个层次：本我、自我和超我。

1. 本我（id）

“本我”，也称伊底。本我的唯一目标是追求快乐。本我像一个暴躁的婴儿，非常贪婪而且不开化，只对自己的需要感兴趣，一点儿也不听从现实和理性的指引。“不知道什么是好，什么是邪恶的，也不知道什么是道德。”本我被快乐原则所支配，目的在于争取最大的快乐和最小的痛苦。本我代表着最原始的欲望，是人发展的驱动力。

2. 自我（ego）

“自我”，是意识结构部分，它遵循现实原则，是本我和外部世界之间的中介。由于自我联系现实、知觉和操纵现实，于是能够参考现实来调节本我。它能使无理性的本我服从于有一定理性的自我，从而在限制本我的同时，又使本我得到一定的满足。

3. 超我（super-ego）

“超我”包括两个部分：一个是良心，一个是自我理想。超我遵循道德原则，是遵循快乐原则的“本我”的对立物。

在学前儿童早期生活中，父母总是有意无意地依据自己的道德标准和社会规范去评价、奖励和惩罚学前儿童。父母对学前儿童的某些行为做出“好”的评价，给学前儿童以物质和精神上的奖励；对学前儿童的另一些行为做出“坏”的评价，并给以惩罚。长此以往，学前儿童就知道什么行为是好的，什么行为是坏的，父母关于奖惩学前儿童行为的标准逐渐内化为学前儿童自己的行为规范。学前儿童可以在父母不在场的情况下自己评价自己，当自己的行为符合道德规范时，就感到愉快和满意（内在奖励）；当自己的行为违反了这些规范，就感到内疚（良心谴责）。到这个时候，父母关于“好”行为的标准就内化为学前儿童的自我理想，父母关于“坏”行为的惩罚规则就内化为学前儿童的良心，这样超我就形成了。

在幼儿园，教师成为学前儿童接触到的最重要的成人，教师对学前儿童的奖励和惩罚也是学前儿童建立标准的依据。因此，教师在与学前儿童的相处中，既要理解学前儿童内在的“本我”作用，也要帮助学前儿童树立正确坚定的标准，以促进学前儿童“超我”的形成。

（二）防御机制

防御机制是人们用来保护自己抵抗强大压力及焦虑时所呈现的一种自发的、习惯的反应。它往往否定、歪曲或虚构实际情况，具有与现实相脱离的特性。防御机制蕴藏在潜意识中，可起调节的作用，可解决冲突并在面对焦虑时使个体放松。

学前儿童虽然年幼，但也可能会自觉或不自觉地选用下列各种防御机制，而且个体对防御机制的选择也是因人各异和不断发展的。

1. 认同

认同是个体对某些角色加以模仿，使之成为自己的一部分。学前儿童通常会认同与他（她）同性别的父母，其原因是想获得权力和爱。

2. 转移作用

转移作用就是当个体对某一主要目标的需求受阻时，将能量转化到另外一个目标上。例如，当学前儿童对父母亲有愤怒时不敢直接发作在父母身上，就会对洋娃娃发脾气。

3. 压抑作用

压抑作用是将觉得危险的记忆、冲突及意识，推入潜意识中并盖上“盖子”，尽可能防止再次浮现于脑海。通过压抑作用，人们会在潜意识中阻止自己去回忆，以避免产生痛苦。当学前儿童受到老师批评后，他可能会告诉妈妈“我忘了今天老师说我什么了”。

4. 投射作用

投射是指将个人的想法、情绪等归咎于别人或外物。例如，当一位学前儿童觉得老师不喜欢他但他又不愿承认时，他会说“老师不喜欢我是因为我不喜欢和老师讲话”。

5. 反向作用

反向作用是指被压抑事物的一种相对的性格与态度。例如，一个学前儿童非常想玩那个新玩具，但他在同伴面前故意表现出不屑一顾的神情。

6. 合理化

合理化是指试图去证明一个人的行为是公正合理并值得认可的。当我们问起为何有这样的行为举止时，学前儿童可能会想出一些合乎逻辑的理由来。例如，一个学前儿童回答不出老师的问题，他可能会说：“老师，我今天头疼，没听清楚。”

7. 否定

否定是指对现实的不愉快部分与焦虑的一种不接受。学前儿童常会对自己失败的可能性予以否定。

8. 幻想

幻想是通过想象对未得到满足或受挫的需求加以补偿的方式。一个幻想或想象的世界比真实世界有趣得多。学前儿童经常会讲述一件非真实的事，使成人认为他是撒谎。其实这是一种幻想。

9. 退缩

退缩是指靠变得被动而减少自我介入程度，或学习如何去避免受到伤害。退缩的学前儿童包括那些害羞的学前儿童。在幼儿园回答问题时从不举手的孩子，往往知道得挺多，但因怕失败而变得退缩。

10. 退化

退化是指行为举止重返早期的发展阶段。当学前儿童在过度焦虑或精神上受到创伤时，常会出现此类情况。比如，已能独自一人睡觉的孩子，又突然要妈妈抱着睡等。

11. 抵消

抵消是指致力于以行动来弥补某些不良的行为或思想。例如，当一位学前儿童把杯子摔破后，会试图去把它拼凑成原来的样子。

12. 表达

表达意指将那些由受限制的欲望所牵引出的烦躁、不满的情绪表现出来的行为。学前儿童偶发的攻击性行为通常就是这种表达。

从某种意义上来看，这些机制是“自我”在“本我”和“超我”之间建立和平的企图，这样人格就能通过一种明显健康的方式得以继续发展。因此，在某些层次上，特别是幼年时期，学前儿童的防御机制是一种正常的反应。

但需要注意的是，有时学前儿童出现的问题在于过于依赖防御机制，其结果可能是一种对自我、他人以及外界环境的歪曲，从而导致学前儿童出现心理问题。因此，教师在应对学前儿童的防御时，应当关注学前儿童是否过度使用防御机制。

（三）弗洛伊德的精神分析理论对学前儿童心理教育的启示

弗洛伊德的理论使我们了解学前儿童会无意识地采用防御机制来调节，学前儿童采用的防御机制在成人看来可能是不良行为，但却是学前儿童战胜消极心态的重要工具，因此，家长和教师需要正确认识学前儿童在发展过程中出现的防御性行为。

二、行为主义理论

巴甫洛夫、斯金纳和班杜拉是行为主义的代表人物，行为主义理论是有着深远影响的心理学派。行为主义提出的强化、消退和模仿等行为学习概念，是学前儿童心理教育的重要概念。

（一）巴甫洛夫的条件反射理论

条件反射理论是由苏联生理学家巴甫洛夫创立的，该理论认为学前儿童的行为或者人格是可以通过外界的干预形成的。它成为行为主义心理教育或行为干预的根据。

1. 巴甫洛夫的实验

巴甫洛夫用狗做实验。当狗吃食物时，会引起唾液分泌，这是无条件反射。如果给狗以铃声，则不会引起狗的唾液分泌。但是，如果给狗以铃声时即喂以食物，这样结合多次之后，每当铃声一响，即使食物并未出现，狗也会分泌唾液，这时，原来与唾液分泌无关的刺激物——铃声，变成了引起唾液分泌这种无条件反射的无条件刺激物。食物的信号转化为信号刺激物，引起唾液分泌，这就是条件反射的原理。但是，如果形成的条件反射不予强化和保持的话，就会产生条件反射的消退现象。

2. 条件反射对个体行为的解释

巴甫洛夫的条件反射理论可以解释人的很多行为。人的日常生活极其复杂多变，但人可以随机应变首先就在于人因为条件反射而处于一种自动化或半自动化状态。例如，上课铃声响了，学生会立马不说话等老师到来；发现危险，人们会迅速躲避；等等。但是，如果这种条件反射产生负面作用的话，就会引起强迫症状、焦虑或不安，可能也会形成某种癖病。学前儿童的不良习惯多由此形成。对于在无意识中的条件反射所形成的不良癖病，在教育干预时可以使用反条件刺激予以清除和击退。

（二）斯金纳的操作性条件反射理论

操作性条件反射理论认为，人格是可以通过操作性条件反射的强化而形成的一种惯常性的行为方式，如果能认识、预测、操纵学前儿童的行为，那么学前儿童的人格问题就能够得到更好的解决。

1. 斯金纳的实验

伯尔赫斯·弗雷德里克·斯金纳（B. F. Skinner）的操作性条件反射是指强化动物的自发活动而形成的条件反射。斯金纳在实验箱内放了一只处于饥饿状态的老鼠，老鼠在箱内乱窜时偶尔踩压了一下能掀起食物的横杆获得了食物，强化几次之后，条件作用就迅速形成了。踩杆反应是对环境的“操作”，因此称其为操作性条件反射。

2. 对个体行为的解释

斯金纳在人的被试中开展实验研究，证明人的反应可以用言语声音或手势来代替具体的强化物。同时，在实际教育干预中，只要教育干预者对期望的某种行为予以奖励，这种行为就会获得强化，反之就会消退；若施以惩罚，则会加快消退的速度。

3. 强化

基于实验可以看出：首先，强化是针对行为反应而言的，而不是针对机体而言的。我们可以说食丸强化了小鼠踩横杆的反应行为，而不能说食丸对小鼠进行了强化。明白这一点在个体的行为指导中具有现实的意义。我们在生活中经常听到这样的话：“这是奖给你的!”“打的就是你!”好像我们给予奖励和惩罚不是因为对方的行为值得嘉奖或惩戒，而仅仅因为他是他自己，所以他就应该得到嘉奖或惩戒。这种“对人不对事”而不是“对事不对人”的强化方针不仅不利于被强化者明确地意识到自己的行为与其后果之间的直接联系，而且容易导致偏见的产生以及自傲或自卑心理的形成。其次，强化物并不一定是令人愉快的刺激。强化物的作用只在于提高有机体某项行为反应的概率，与它是不是令人愉快并没有必然联系。

强化理论对教师培养学前儿童的良好行为和消除其不良行为有非常重要的作用。但是正确使用强化的作用需要教师对强化的过程有更深入的了解，以免不适当的行为强化了学前儿童的错误心理。

4. 建立操作性条件反射的原则

操作性条件反射的建立有两条基本原则：（1）任何反应若有强化刺激随后呈现，都会具有重复出现的倾向；（2）强化刺激可以是增强操作反应概率的任何刺激物。这两条原则可以用来解释学前儿童学习的许多现象。比如，孩子学会各种称谓，是因为他偶尔的一次正确的称呼得到了强化；要矫正学前儿童的不良行为，可以通过待他出现理想行为时给予适宜的强化物来完成。

行为主义的两种条件反射理论都认为个人的性格、社会规范、价值观实际上是由被社会强化了的个人特征、行为方式和观念积淀而成的。强化、惩罚和消退对学前儿童行为的塑造有重要作用，但是在很多情况下都是在无意识的情况下发生的。比如，很多幼儿园的学前儿童都面临吃饭慢的问题，教师经常会在最后情不自禁地拿过学前儿童的碗，一口口地喂给学前儿童吃，长此以往，学前儿童就获得了吃饭慢会得到老师关注的信号，这将不利于学前儿童独立行为的养成。因此，教师在与学前儿童的相处过程中，应当反思自己行为的后果，以防止看似充满爱心的举动给学前儿童造成不良的影响。

（三）班杜拉的社会学习理论

班杜拉的社会学习理论认为，强化在行为学习中并不是必不可少的。事实上，学前儿童可能仅仅是通过观察别人的行为就能学会很多行为。但是，这些行为是否会表现出来，则取决于有无强化作为诱因。

1. 观察学习

观察学习又称为替代学习、模仿学习，是指人们仅仅通过观察别人（榜样）的行为就能学会某种行为，这显然和传统的条件反射式的学习很不一样。一方面，观察学习效率高、错误率低。如果我们的每一种行为都必须按照斯金纳的强化相倚原则一小步一小步地强化、一小步一小步地学习的话，行为的学习将会是个十分低效且有高错误率的过程。这与我们在实际生活中的经验是不相符的。当然，那种尝试错误式的行为学习也是有的，但大多数的行为我们可以通过观察别人的行为又快又好地学会。比如，看过母亲化妆的小女孩会很快学会给自己的玩具娃娃化妆，可能化得不一定很美，但一般也不会犯常识性的错误。另一方面，观察学习是一种间接的学习。我们不必亲自去做出某种行为，然后根据其后出现的强化是积极的还是消极的来确定自己做的是对还是错，只需看着别人是怎样做的，做过之后带来何种后果，便可知道自己该如何做。如果已经看见别的小朋友因上课时讲话被老师罚站了，自然不必以身试法，直接从“榜样人物”的教训中吸取经验就可以了。这种间接的学习扩大了个体的直接经验，避免了许多不必要的错误。

2. 模仿效应

班杜拉认为，一种“榜样”可能是真实的（也许非常普通）人，他的行为能够作为一种指导、蓝图以及对他人的激励；一种“榜样”也可能是符号性的。“符号性的榜样”包括书本中的人物、口头或者书面的教导、图画、智力图像、卡通或电影人物、电视演员等等。榜样也并不总是像年龄更大一点的人所展示的那样。

班杜拉与沃尔特斯（Walters）描述了三种学前儿童在学习上的模仿效应：榜样效应、抑制-去抑制效应以及诱发效应。

（1）榜样效应。

榜样效应就是通过模仿对新鲜行为进行学习。比如，常见的是学前儿童对“说脏话”的学习，学前儿童虽然不明白语言所代表的含义，但是会被“脏话”巨大的力量所吸引。

（2）抑制-去抑制效应。

“抑制效应”是对越轨行为的压制，由于看到“榜样”因为同样的行为而受到惩罚，自己也停止了某种行为。“去抑制效应”与此相反，即先前受到压制的越轨行为的出现，通常是由于榜样受到强化。

(3) 诱发效应。

当榜样的行为导致了与榜样“相关”但不相同的行为——既不是新的（如同在“榜样效应”中提到的那样），也不是越轨行为（如同在“抑制-去抑制效应”中提到的那样），那么这种效应就称为诱发效应。好像是榜样的行为给了观察者一些反应的暗示，然后就诱发了那种反应。一名学前儿童在幼儿园中“调皮捣蛋”可能会引起同班学前儿童的“行为不端”。他们可能没有准确地模仿他的行为，但是可能会出现同样类型的行为。

社会学习理论认为，学前儿童在观察和模仿中不仅仅是简单的模仿行为，而是能从许多个榜样和事例中总结出自己独特的行为法则，形成自己的行为风格。但是，我们很难说是哪一个榜样教会了学前儿童哪一个行为，而是能从一个人的身上看到多个人的影子，因此，在幼儿园中，所有的人员都有责任有义务为学前儿童提供好的榜样。

（四）行为主义理论对学前儿童心理教育的启示

行为主义理论认为，内隐的心理可以通过外显行为表现出来，外显行为的改变也会引起心理的变化。而很多的行为可以通过观察得到学习，也会在外界干预下得到强化或消退。在与学前儿童相处的过程中，教师要为学前儿童做好榜样示范，当学前儿童出现好的行为时要及时强化，在其出现问题行为之后要采用惩罚或者消退法使该行为不再发生。学前儿童健全的人格需要在形成初期建立清晰的标准。

三、人本主义理论

人本主义产生于精神分析理论和行为主义之后，与以上两种理论不同的是，人本主义认为人应当对自己的行为负责任。虽然人在发展的过程中对环境中的刺激自动做出反应，有时也会被本能控制，但人是有自由意志的，有能力决定自己的目的和行动方向。这种内在的力量或成为动机，受到社会性的影响，与本能不同。人本主义的代表人物是马斯洛和罗杰斯，他们的一些理论观点可以对学前儿童的心理问题进行解释。

（一）马斯洛的需要层次理论

在所有的人本主义理论中，马斯洛人格理论中的需要层次理论最具影响力。马斯洛把人类的动机称为需要，人类价值体系中有两类需要：一是沿生物进化逐渐变弱的本能需求，称为低级需要或生理需要；二是随生物的进化逐渐显示出来的潜能，称为高级需要或心理需要。这两类需要分七个层次，以金字塔的结构形式排列。金字塔的最底部是生理需要，以上分别是安全需要、归属与爱的需要、尊重需要、认知需要、审美需要，最顶端是自我实现的需要，但通常人们更关注其五大层次理论。

1. 基本需要

(1) 生理需要。

这是人的需要中最基本、最强烈、最具有优势的一种，是对生存基本条件的需求。学前儿童生理需要有很多，除了衣食住行外，各种感官快乐，如品尝、嗅闻、抚摸等都可以被包括在内。如果学前儿童的基本生理需要没有得到满足，那么，除了食物外，他对其他东西会毫无兴趣。

（2）安全需要。

一旦生理需要得到了充分的满足，就会出现安全需要。安全需要表现在对秩序、稳定的需要，如保持熟悉不变的环境。这一点可以在学前儿童身上清楚地观察到。例如，学前儿童对陌生环境感到害怕，失去父母或家庭环境不安定的学前儿童往往易受惊吓，缺乏安全感。

（3）归属与爱的需要。

当生理和安全的需要得到满足后，对爱和归属的需要就出现了。马斯洛认为，爱是一种人与人之间健康的、亲热的关系，包括互相信赖。爱的需要没有得到满足会抑制学前儿童的成长。爱的需要受到挫折是心理失调的主要原因，爱就像盐或维生素一样不可缺少。在现代社会中，由于工作繁忙、人口流动、家庭易破裂等，人际关系逐渐疏远，因此，人们对爱、亲密、接触的需要更为迫切。

（4）尊重需要。

归属和爱的需要的上一层次是尊重需要。这类需要包括两方面：自尊和来自他人的尊重。学前儿童的自尊包括对获得信心、能力和自由等的愿望，也要求来自成人和同伴的尊重，包括肯定、表扬、称赞等。

（5）认知需要。

马斯洛认为，学前儿童生来就有满足自身好奇心的冲动，喜欢探索周围陌生的世界，尝试了解和理解一些事物，如果这一需要不能被满足，就不能获得安全感、爱、尊重以及得到自我实现，因此，认知需要也是学前儿童获得基本安全的一种方法和前提。

人的一系列基本需要得到满足后，就会走向更高的层次。此外，需要注意的是，“基本需要”与“动机”这两个概念的区别是：基本需要是先天的，是一种潜能，而动机是在先天基本需要基础上受后天环境的影响而形成的。

2. 需要满足和健康的关系

一个安全、归属、爱的需要得到满足的人会比安全和归属需要得到了满足但在爱的感情上遭到拒绝、受到挫折的人健康。如果除此之外，他又获得了尊重和羡慕，并因此维护了自尊心，那么他就更健康了。马斯洛认为，人内心有一种向更全面的方向发展的积极倾向，如果一个健康的机体的需要得到了满足，它就会摆脱束缚，去追求更高层次的自我实现。

需要层次理论是解释人格发展的重要理论，也是解释学前儿童行为动机的重要理论。学前儿童成长发展的内在动力是动机，而动机是由多种不同层次与性质的需求所组成的，各种需求间有高低层次与顺序之分，每个层次的需求与被满足的程度，会决定学前儿童的人格发展境界。因此，学前儿童时期行为问题的出现可以追溯其先前未得到满足的某种需要，据此进行针对性的帮助可以有效应对和预防学前儿童行为问题的出现。

（二）罗杰斯的观点

罗杰斯也是当代人本主义心理学的主要代表。罗杰斯对精神教育干预产生极大的影响。罗杰斯认为每一个人都有朝着健康、积极的方向发展、成长、变化的潜能，人的本质是积极的、乐观的。

1. 人是有价值的

人本主义心理学家认为，精神动力学理论是从病态心理中总结出来的，把人看作生物本能的受害者，而行为主义理论则从机械的还原论出发，把人看作环境的奴隶。人本主义理论反对将人看作生物的或自然的人，认为人的行为不像动物，不全是由环境条件作用的结果。该理论强调人的价值和意义，相信人是自由的、能够独立自主的、有意识的和有责任心的，人具有无限的潜能，每一个人都可能实现自己的潜能而成为一个具有真实力量和能够自我实现的人。

2. 完美的健康状况

所谓完美的健康状况以及正常的发展就在于实现人的这种基本性质，充分发挥这些潜力，这是内在发展而不是外界塑造的过程。因此，无论什么事物，只要有助于人内在本质的实现，就是有益于心理健康的；只要干扰、阻碍或者改变自我实现的进程，就可能使人产生心理异常和障碍。因而，如果学前儿童从小生活在具有良好心理气氛的环境中，获得家长的爱抚和关心，取得同伴的支持和帮助，那么他就会发现真正的自我价值，能发挥全部的创造性和潜能。相反，如果学前儿童遭到虐待或重大挫折，他的自我就会发生创伤或裂痕，内在的潜能不能发挥，就可能产生心理失调甚至心理异常。

3. 自我意识

罗杰斯非常重视自我意识，强调以一种积极诚实的方式看待自己，他提出“自我概念”一词。自我概念指的是人对自己的认识，对自己与客体的区别和相互关系的认识，以及对人的价值标准的认识。它是在自我发展的过程中，由人与环境或他人的相互作用而形成的。

（1）自我概念的形成。

罗杰斯认为，在人际交往中，人总是期望自己的行为获得他人的尊重和接纳。当人对自己的行为有良好的自我体验，又得到他人的肯定时，就会形成正确的自我概念，他的人格就会健康发展。如果人的自我体验与他对自己的要求不一致，并且得不到他人的尊重，他就可能回避或歪曲真实情感，以此缓和受尊重和自尊的需要与自我体验之间的冲突，这时他不惜改变自己对自身提出的标准，从而使自己失却了标准，自我概念发生歪曲，导致心理紊乱和失调。自我概念歪曲越严重，各种心理障碍如焦虑、抑郁、罪恶感等就表现得越明显。

因此，如果学前儿童得到家庭成员的爱护和尊重，就会发展积极的自我概念。相反，如果父母的爱经常带有附加条件，给学前儿童以种种限制，学前儿童就得不到爱抚，他们的潜能就会受到压抑，而被“代价条件”所驱使，就会形成一种软弱和破裂的自我概念。这种被驱使的自我经常会与自尊和自我倾向发生矛盾，其结果是失望、否认和歪曲最终的健康发展。

（2）消除不良的自我意识。

既然心理异常是在违反人的本性的人际交往过程中产生的，那么避免产生心理异常的关键在于在人与人之间建立起相互关心、相互尊重的关系，创造真诚相待、相互谅解和彼此尊重的良好气氛。罗杰斯倡导的来访者中心干预和交朋友小组干预就是让来访者在无拘束的环境下表达自己的意见、想法和感受，或在人与人之间的真诚交往中去发现自我，教育干预者不给予解释和劝导，更不加以干涉和控制，而是依靠自我指导的能力去认识和解决自己的问题。

罗杰斯努力的方向在于让学前儿童重视自我的价值，积极地看待自己的一切。这种观念会让学前儿童在面对不同的经验时，不管是愉快的还是痛苦的，都会把它评价成好的、有用的。尽管这一点很难做到，但应当明确积极的价值判断标准对学前儿童的人格发展有着积极的影响。

（三）人本主义理论对学前儿童心理教育干预的启示

人本主义认为每个学前儿童都有积极向上的需要，但是这些需要的实现受到自我意识和社会环境的共同影响。家长或教师作为学前儿童的“外界环境”，需要为学前儿童提供向上发展的支持，同时，需要帮助学前儿童树立正确的自我意识，让其积极地看待各种愉快的和不愉快的经验。如此内外部的共同前进才能使学前儿童保持良好的健康状况。

第二节 关于学前儿童心理教育的几种新兴理论

所谓“新兴理论”，是指其在关于学前儿童心理发展的部分出现的时间较晚的基本理论。它主要包括个体心理学理论、沟通分析理论、完形教育干预和理性情感教育干预理论、认知发展理论、依恋理论以及积极心理学理论。

一、个体心理学理论

个体心理学是由奥地利著名心理学家和精神病医生艾尔弗雷德·阿德勒（Alfred Adler）创立的。个体心理学并非指完全个人的或个别差异的心理学，它所指的个体是一个与社会、与他人不可分割的有机整体，一个有自己独特的目的、寻求人生意义、追求未来理想的和谐整体。

个体心理学以社会文化为取向，把社会的价值观念、人的社会性视为学前儿童行为发展的动力，并用器官缺陷与补偿、自卑感与追求卓越、社会兴趣、生命风格等概念来表述学前儿童行为的动力特征。

（一）器官缺陷与补偿

阿德勒认为，个体生来弱小，容易受到各种疾病的伤害，从而留下生理上的缺陷。几乎所有人在生理上或多或少都有缺陷，包括感觉器官、消化器官、呼吸器官、生殖器官、心血管系统、神经系统等的缺陷。这些生理上的伤害给人身心机能的正常运行及发展造成种种问题，因此有必要解决。由于人是一个有机的整体，当其某一器官受损时，会采取某种手段或方式加以弥补，以便能更好地适应环境。

个体补偿的基本途径有两条：第一，集中力量发展功能不足的器官，如体弱者通过加强体育锻炼来增强体质；第二，发展其他的机能来弥补有缺陷的机能，如一个盲人可以通过大力发展听觉、嗅觉和触觉等来弥补视觉上的缺陷。

由此可见，器官缺陷一方面为个体的生存发展带来不便，另一方面又有可能成为推动个体发展的动力。在某些情况下，有器官缺陷的人不仅可以通过补偿机制克服自身的缺陷，而且可以通过补偿，成为一个特别优秀的人。

因此，教师在面对不同的学前儿童时，应当明确认识到每个学前儿童都有缺陷和优点，要引导学前儿童增加对优势部分的关注，培养学前儿童积极向上的心态。

（二）自卑感与追求卓越

1. 自卑感

每个人都有不同程度的自卑感，而这种自卑感会因个体有肢体上的残障、有年长及优秀的兄弟姊妹以及父母的疏忽或拒绝而更加严重。

自卑感虽然是一种消极的、不愉快的感受，但并非完全是消极的。当一个人有强烈的自卑感时，往往会力图发展自己做成某些事情，以自身的发展和成功来克服自卑感。这时，自卑感就成为推动人积极向上的动力。当然，自卑感有时也会产生很大的消极作用，强烈的自卑感有时会把一个人压倒，使他自暴自弃，不去追求成功。这种无法克服和摆脱的自卑感发展为严重的自卑情结时，就会产生神经症。总之，自卑感人人都有，它可以导致神经症，也可以成为前进的动力。

阿德勒认为，为了克服自卑感，学前儿童用先天的“侵犯驱力”来补偿，使自己的人格在文化和顺应中得到发展。后来，阿德勒将“侵犯驱力”改为“男性反抗”。他认为，如果学前儿童顺应或很少反抗，这种自卑感就是人的女子气，他（她）就会成为生活的弱者。反之，学前儿童若奋起反抗，这种自卑感便会促使人男性化。他认为任何形式的、不受禁令约束的攻击、敏捷、能力、权力以及勇敢、自由、侵犯和残暴等都是男性气质的表现。人类心灵活动的主要方向实际上就是摆脱女性气质以实现男性化。

这一点可以给当前学前儿童女性化的问题提出建议，既要让学前儿童更加积极阳光，不仅可以通过增加男教师，也可以通过改变女教师的教学观念来调整，还需要解放学前儿童的腿、手、脑、嘴，让学前儿童在幼儿园中更加自由地生活。过分强调集体、整齐划一、乖巧听话会让学前儿童有想做的事不敢去做，这种自卑的心理很大程度上压抑了学前儿童男性化的一面。

2. 追求卓越

当一个人有自卑感时，就需要将其克服，而要克服自卑，就必须赶上别人，甚至超越别人，这种赶超别人的努力倾向就是追求卓越。阿德勒认为，人的一切行动都受追求卓越的向上意志所支配，人类行为的根本动力就是追求卓越。进一步说，追求卓越既是一个努力的过程，也是一个前进的方向与目标，同时也是人格发展的重要动力。

追求卓越如同自卑感一样，具有双重性：一方面，它可以激励人去追求更大的成就，使人的心理得到积极的成长；另一方面，有的人会因为追求自己个人的卓越而忽视社会与他人的需要，从而产生“卓越情结”。一个具有“卓越情结”的人狂妄自大、自负自夸、轻视别人、支配别人，这样的人难以与他人相处，最终会因缺乏社会支持而导致失败。

这种情况在独生子女的身上表现得较为明显，部分独生子女由于一直受到家长的全部关注，加上掌握各种才艺，很容易产生孤傲的、以自我为中心的心理。针对这类学前儿童，教师需要注意适当增加集体活动，让学前儿童体验个人力量小、团结力量大的感觉。此外，教师在面对不同认知水平的学前儿童时，需要有差别地为学前儿童提供工作内容，水平更高的学前儿童需要给其增加难度。

（三）社会兴趣

所谓社会兴趣，指的是一种想要与人亲近、归属、参与及合作的先天的需要。阿德勒认为，个体社会兴趣的多寡与其心理健康与否成正相关。每个人都有被某（些）团体接纳的需求。虽然社会兴趣是与生俱来的，但它不是自发的，是需要经过训练以及鼓励发展的。

社会兴趣始于婴儿与母亲（或主要养育者）的互动。当学前儿童感觉到自己是某团体的一部分时，就会很自然地做一些对此团体有益的事情。但是，当学前儿童觉得自己被团体排除在外时，就会很自卑，可能会为了超越这种自卑感而做出一些较为不妥的行为，以引起他人的注意。因此，个体心理学相信，问题行为学前儿童是受挫折的学前儿童，所以他（她）认为自己只有表现差才能使别人注意到他（她）的存在。

（四）生命风格

1. 生命风格的含义

个人追求卓越目标的方式称为生命风格，它包括个体在遇到挫折、对责任以及在面对需要主动出击的情境时的习惯反应。个体的生命风格是由环境和遗传之间的互动而产生的。大约到5岁时，学前儿童大概已经发展出对生命的看法，也发展出一套处理问题的“最佳模式”，这一套“最佳模式”就是个体的生命风格。每个个体都有他（她）独特的生命风格，这一风格可能会伴随其一生。若没有外在的干扰，个体的生命风格很少会改变，这一生命风格能使个体组织、了解、预期和控制他（她）的世界。

2. 生命风格的类型

每个人的生命风格都有其独特性，但根据社会兴趣可大致分为两种：一种是正确的和健康的生命风格，一种是错误的和病态的生命风格。具有社会兴趣的人的生命风格是正确的和健康的，而缺乏社会兴趣的人的风格是错误的和病态的。

阿德勒认为错误的生命风格是由童年期的三种状态引起的：第一，器官缺陷。它会引起学前儿童的生理自卑，有可能导致其自卑情结。第二，溺爱或娇纵。学前儿童成为家庭的中心，若他的每一需要都必须得到满足，长大后则容易成为缺乏社会兴趣、自私自利的人。第三，受忽视或遗弃。这类学前儿童感到自己毫无价值，对社会和他人极端冷漠、仇视，对所有人都不相信。因此，为避免学前儿童产生错误的生命风格，家长和教师都应该加强对学前儿童的早期教育，从增加学前儿童的社会兴趣入手，使他们获得正确的生活意义。

3. 理解生命风格的途径

只有理解学前儿童独特的生命风格，才能更好地把握学前儿童的未来，为学前儿童教育提供理论依据。理解生命风格的途径主要有以下三种：

（1）出生顺序。

即使是生在同一个家庭中的学前儿童，由于出生顺序的不同，其在家庭中的地位也会不同，也会形成不同的生命风格。若该学前儿童是长子（女），常会在有弟弟、妹妹出生时倍感威胁，而极力想要保住自己的“优势”；若该学前儿童是中间的子女，也可能会因为又出生弟弟妹妹而觉得自己像夹心饼干，觉得自己老受一些不公平待遇；若该学前儿童是最后出生的子女，且常受到娇惯，长大后可能会形成异乎寻常的性格。

（2）早期记忆。

学前儿童时期的生命风格是在生命的头几年追求卓越、获得肯定的奋斗中建立起来的。因此，可以通过对早期生活的回忆来发现学前儿童过去的记忆和现在的行为之间的关系。由于人的记忆带有主观选择性、创造和想象的成分，因此，通过早期记忆来发现学前儿童所感兴趣的东西，也是教师了解学前儿童个性的一种重要途径。

（3）家庭气氛。

所谓的家庭气氛，指的是学前儿童的家庭在处理生活中大大小小事件中所形成的氛围。学前儿童从家庭的气氛中学到这个家庭的价值观和习惯，并且会加以认同并同化。而下列 12 种不良家庭气氛类型足以显示出不良家庭气氛对学前儿童造成的不良影响。

1）专制型：此类家庭要求学前儿童必须绝对服从，小孩子“有耳无口”是最真实的写照。在这种家庭成长的学前儿童很乖，有礼貌，但内心焦虑不安。有时这种家庭也会形成一些极反叛的孩子。

2）压抑型：此型与专制型是相当“契合”的类型，因它不允许学前儿童表达真正的感觉和想法，所以即使在家庭之外的情境中被允许表达自我时，学前儿童也已无法表达。这类家庭并不鼓励亲密的关系。

3）拒绝型：这类家庭让学前儿童感到不被爱，不被接受。父母常不知如何表达爱，学前儿童也觉得自己很差，这类家庭需要知道爱是没有条件的，做错事不代表这个人就很糟糕。

4）批评型：若学前儿童被家中每个成员批评的话，容易因此成为一个众所皆知的“坏蛋”，他（她）常会变得好讽刺挖苦别人，不知如何与人建立关系。

5）高标准型：生长在这类家庭的学前儿童，其心中会认为“除非我都考一百分，否则没人会爱我”。害怕失败、完美主义、焦虑、紧张的个性常使这些学前儿童无法真正发挥他（她）的实力。

6）不和谐型：生长在一个常有争吵、打架的家庭中会使学前儿童觉得能够控制别人并且避免被控制是一件相当重要的事。权力对这类学前儿童是很有吸引力的。

7）不一致型：管教态度随父母的心情而时松时紧。不一致的管教态度和生活习惯常会让学前儿童觉得困惑和不和谐，此类学前儿童常缺乏自制力、缺乏动机、不稳定、人际关系差。

8）功利型：这类学前儿童从家庭中学到，看一个人的价值是看他（她）有多少钱、房子、车子等物质的东西，这类家庭通常只知一味地堆积财富。

9）过度保护型：在此类家庭中学前儿童通常因受到父母太多的呵护而很难长大。父母会保护孩子不因做错事而受到伤害。也就是说，使孩子不需要为自己负责任，不用接触残酷的现实。此类学前儿童易变成依赖、无助、缺乏自控能力且强烈寻求他人认同的人。

10）同情型：和过度保护型相同，这类父母的管教使学前儿童真正的潜力无法发挥，无法发展解决问题的能力。当家庭中有残障学前儿童时常容易产生这种情况，甚至家庭成员会“鼓励”这位有缺陷的孩子为自己的残缺感到难过，并且他（她）有权从家庭成员处得到特别的好处及同情。

11）无望型：饱受挫折和不成功的父母通常会把无望的态度传给他（她）的孩子，这种情形通常发生在经济有困难的家庭中，特别是在家中经济的主要来源者失去工作时。

12）受苦型：受苦或牺牲型家庭通常是源于家庭中有低自我概念、无望以及受挫的父母。在此类家庭中，学前儿童认为生活不公平，所以别人都应该对自己好些。比如牺牲受苦型家庭通常是使学前儿童形成依赖型人格的温床。

当我们了解不同的家庭氛围之后，必须注意的一点是家庭氛围并不是形成行为的唯一原因，因为学前儿童的行为通常深受其如何“知觉”家庭氛围所影响。在新闻报道中，我们经常可以看到年幼的子女承担起照顾长辈的重担，生活的困难绝望并没有难倒他们，反而会促进他们提早成长。

（五）个体心理学理论对学前儿童心理教育的启示

同弗洛伊德的泛性论相比，个体心理学理论不仅强调了遗传和环境对学前儿童人格形成的双重作用，而且重视学前儿童自我意识的作用。每个学前儿童在自己的家庭中都经历到很独特的自卑感，也就因此发展出属于个人的处世的态度以及补偿的方式。学前儿童在与教师、同伴及陌生人的交流互动中不断地调节、修正自己的生存方式以更好适应外界环境。幼年时期形成的生命风格将会对学前儿童的将来产生重要影响。为了引导学前儿童朝着正确的方向发展，教师应当理解学前儿童的自卑，宽容并允许学前儿童不同生命风格的存在，同时，对学前儿童已形成的不良生命风格进行纠正。

二、沟通分析理论

沟通分析（transactional analysis，TA）是由美国的心理学家伯恩（E. Berne）提出的。伯恩的沟通分析理论强调从心理游戏转至生活脚本。伯恩曾师从著名精神分析学家埃里克松，但他摈弃了在精神分析干预中常用的“惊吓”（shock）处理、假设及药物等手段，而发展了容易了解的TA心理教育干预方法。

（一）伯恩的人性观

沟通分析的总体论体现在伯恩的人性观上，主要包括三个方面：先天正向的人性观、后天学习教育干预的功效以及人的理性。

1. 先天正向的人性观

伯恩对人性持正向的观点。他认为“人之初，性本善”，相信人出生时行为都是高贵的。只是由于父母的教养方式不当或环境的不善，学前儿童的本性发生变化，由高贵变为低下，也就是伯恩所言“从王子、公主到青蛙”。

2. 后天学习教育干预的功效

伯恩相信，虽然学前儿童的品质会由于父母的教养方式不当或环境的不善而发生变化，但通过后天的学习，特别是将学习与应用沟通分析结合起来，将沟通分析融入生活中，能再恢复学前儿童与生俱来的尊贵。在学前儿童进入学校之前的阶段，他们已形成了生活脚本的基本雏形，并且也会形成自己是一个行或不行的人的自我概念，同时也会具有对他人是一个行或不行的人的判断能力。

3．人的理性

在伯恩的观点里，生活是件很单纯的事，然而人们都会发明心理游戏。有些人总要将过去的事件等进行颠覆。这种人经常抱怨生活复杂，但其实是他们自己的坚持与固执让生活变得更艰苦。伯恩认为，生活即是一连串待决策的决定与待解决的问题。伯恩深信人们（包括学前儿童）拥有理性与自由来做决定及解决个人的问题。

伯恩的人性观与罗杰斯的理念有很多相同之处，都强调学前儿童本性中积极向上的因素。如何了解以及从何处介入学前儿童的发展过程，伯恩从不同的角度提出了五种分析方式。

（二）五种分析方式

基于沟通分析中所阐述的人性观及人际关系理论，伯恩衍生出五种基本的分析方式，即结构分析、沟通分析、脚本分析、生活地位和抚慰的追求。了解这些分析方式有助于教师从不同角度对学前儿童的发展进行理解。

1．结构分析

沟通分析心理学家在解释TA的人性观及人们在生活中可能会遭遇的困难时，以人格的结构分析为起点。他们将每个人的人格分为三个独立的不同自我状态：父母（parent，P）、成人（adult，A）及学前儿童（child，C），并指出这就是引发不同行为表现的缘由。

这些自我的状态来源于童年的经验，每一种自我状态都有其认定的思想与行为内涵。因此，这三者之间的差异与冲突，可能会成为人内在不和谐、不一致的原因，也可能会成为使个人深具弹性的因素。这三种状态受到弗洛伊德“本我”“自我”“超我”的影响，但不同之处在于家长、成人和学前儿童都属于“自我”的范畴，没有“本我”和“超我”。

（1）人格的独立自我状态定义。

1）父母（P）人格。

人格的“父母”自我状态包含了父母与权威人物所有的态度与行为。这个自我状态反映了幼时父母对个人告诫、命令、惩罚及鼓励等经验的记忆。“父母”的自我状态会促使个人表现过去养育者的行为，包括养育及批评两方面的行为。同时，“父母”的自我状态指导着学前儿童形成自己独有的价值观、性别意识与行为决策模式。

2）成人（A）人格。

人格的“成人”自我状态提供了有关现实测试及“电脑”取向的客观信息，并以高逻辑性的、无情绪性的方式运作着。“成人”的自我状态有如电脑的决策历程一般，是精密而无情绪的。这个自我状态与年龄无关，即使是一个孩子，也能够依据这种状态来收集事实及掌握电脑般的客观性来处理现实。

3）学前儿童（C）人格。

人格的“学前儿童”自我状态，比如像孩童般的冲动，是人皆有之的事。“学前儿童”的自我状态是人格中很重要的部分，因为它促进了人们的快乐、创造、自发、直觉、愉悦及享受等。

学前儿童累积着自然到来的冲动，也记录着从小对所闻所见的内在反应或重要事件。不成熟是其中的一个因素，但是深层感受、情感、适应、表达及乐趣，亦常通过学前儿童的自我状态而得到表现。

(2) 三种不同自我状态的平衡。

沟通分析心理学家认为，一个适应良好的人会允许自己依据不同的情境而决定呈现不同的自我状态，并且能够维持三者的平衡。在一般人身上常会看到的问题是：一个人允许自己的某一个自我状态成为强势主宰的一环。例如，“固执的父母”看似独裁而易有偏见，“固执的成人”则为无趣的分析专家，而“固执的学前儿童”更以不成熟与过度反应为特征。年龄与此三种自我状态无必然的相对联系，一个年幼的学前儿童也会有“成人”与“父母”人格的自我状态。

不健康的童年经历可能会导致个体迷恋于“学前儿童”和“父母”的自我状态，而这些障碍会给个体本身和其他人带来困扰，严重的还可能会产生多种精神疾病。

2. 沟通分析

沟通分析是伯恩提出的教育干预理论中最核心的部分。伯恩在此部分的分析中指出：任何时候，一个人确认出另一个人出现之时，不管是口头语言的或身体语言的，沟通即已发生。沟通经常被定义为人们对话的一个单位，或者是两个人自我状态之间的刺激-反应的联结。

从沟通分析的类别来看，主要有以下三种：

(1) 互补型沟通 (complementary transactions)。

伯恩认为，这种沟通型态是“健康人际关系的自然顺序”发生在一个人身上的自我状态反应，这是一种回应于刺激而来的同一层次的自我状态 (见图 4-1)。

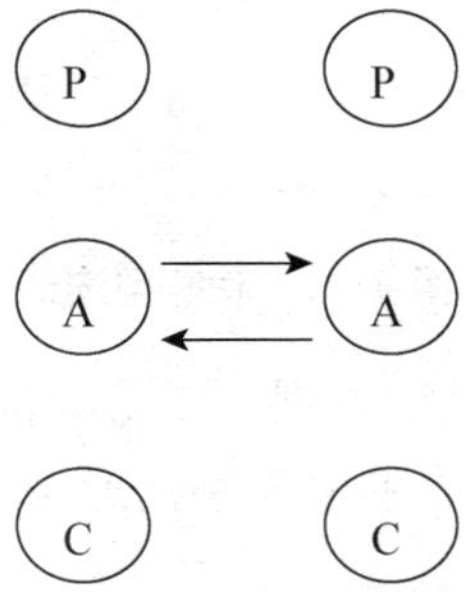

图 4-1　互补型沟通

下面这段对话就反映了互补型沟通的特征：

明明：“舟舟，你看见我的小汽车吗?”
舟舟：“看见了，在右边的玩具堆里。”

(2) 交叉型沟通 (crossed transactions)。

交叉型沟通是一种破坏性对话，是发生于一个人身上的自我状态反应，但这是一种回应于其他两种非刺激来源的自我状态 (见图 4-2)。

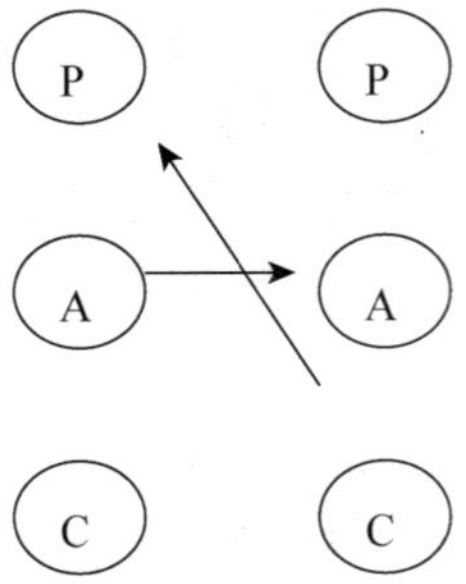

图 4-2　交叉型沟通

下面这段对话反映了交叉型沟通的特征：

明明："舟舟，你可以帮我找找我的小汽车吗？"
舟舟："你没看见我正在玩吗？"

（3）暧昧型沟通（covert transactions）。

暧昧型沟通即每个人以一个以上的自我状态放在沟通里，基本上可以说是不诚实的。从表面上看，两个人以前面两种沟通型态在对话，而实际上真正要传达的信息却未说明（见图 4-3）。

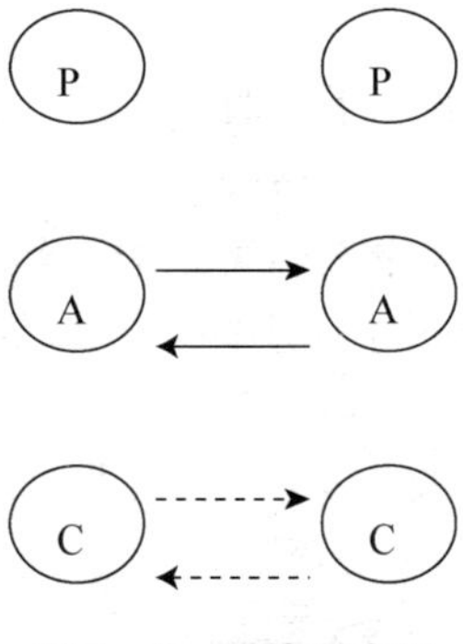

图 4-3　暧昧型沟通

暧昧型沟通又分两种类型：一是游移型，二是隐含型。

1）游移型。这是以社会性、外在的交叉型沟通来传递信息的类型。

明明："舟舟，你为什么不帮我找找我的小汽车？找到后，我们可以一起玩呀。"
舟舟："好啊，小汽车真是很好玩。"

2）隐含型。两个人以心理性的隐含层次来传递暧昧的信息。

明明："舟舟，我希望你跟我一起玩小汽车。"
舟舟："我希望你找我玩的次数要比别的小朋友多。"

3. 脚本分析

所谓脚本分析，是指分析个人根据他（她）的生活脚本而演出的心理之剧中所表现的内容。而生活脚本即是生活安排的个人从幼年时期挑选出来的学前儿童自我状态，而且绝大部分的信息都是从个人处于学前儿童自我状态时接收父母所给予的评价而来的。

（1）生活脚本的类型。

生活脚本可分为三种类型：赢家、输家及非输非赢家。一小部分人似乎是天生的赢家，他们接触到的每一件事都会好转。相反，还有一些似乎是天生的输家，他们碰到的每一件事都会朝坏的方向发展。而大多数的人（80%～85%）是非输非赢的脚本，他们常说的一句话是“但至少……”，比如“我上学了，成绩很差，但至少我没有被学校开除掉”。

沟通分析借用大量寓言故事来说明其术语及类比。例如，“灰姑娘”的脚本并不是很健康有益的计划，因为你的王子（或你想要的奖品）不会凭空降临，尤其是对一个守株待兔的女孩来说。由于许多生活脚本是在幼年时期形成的，所以生活脚本需要小心地以学前儿童的故事来阐述。

（2）生活脚本的成分。

伯恩相信生活脚本有五个成分：

1）是来自父母的指导；2）符合脚本的人格发展的内容；3）从幼时就做下对自己与生活的决定；4）是失败或成功的；5）是一种行为的模式。

生活脚本显示着个人过日子的方式及寻求目标的内容。一个人，不管是有意识的还是潜意识的，都会依照脚本，近乎强迫性地规定自己演出的方式与内涵。若在幼年时得到不良的生活脚本，就会造成个人困扰。

4. 生活地位

所谓生活地位，是指学前儿童在沟通与脚本的基础上，形成的自我价值与他人价值的综合感受。以下为四种常见的生活地位类型（见图 4-4）：

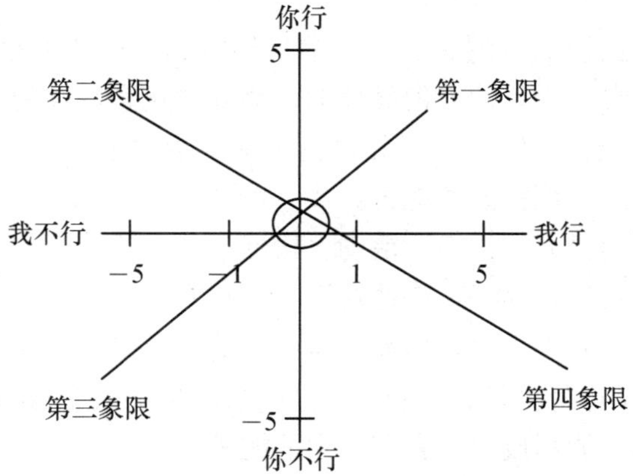

图 4-4　生活地位

（1）“我不行-你行”类型［处于第二象限，（−5，5）为极致位置］。

这是学前儿童中感受最为普遍的生活地位类型。这种型态呈现的是个人自觉无力感的内在感知地位，而属于此地位的成人时常会感到退缩与忧郁。

（2）“我不行-你不行”类型［处于第三象限，（－5，－5）为极致位置］。

感受到这种生活地位类型的学前儿童不仅自己自卑，也觉得无法依赖父母。在此地位的成人是学前儿童眼中的“输家”。形成这种生活地位感受的原因，主要是学前儿童和成人都曾有过一连串无助失望的经验。

（3）“我行-你不行”类型［处于第四象限，（5，－5）为极致位置］。

感受到这种生活地位类型的学前儿童，常会觉得自己是被牺牲的、被欺骗的。无论发生什么事，都说是别人的错。好斗的学前儿童多为此类。

（4）“我行-你行”类型［处于第一象限，（5，5）为极致位置］。

感受到这种生活地位类型的学前儿童的心理是健康的。感受到这种生活地位类型的学前儿童和成人，拥有符合现实的期望、良好的人际关系及有建设性的解决问题的能力，亦即处于“赢家”之地位。

处于何种生活地位在很大程度上影响了学前儿童看待自己的角度。显然第四种类型会让学前儿童积极地看待自己，而前三种类型则需要他人的帮助。

5. 抚慰的追求

伯恩认为，追求抚慰，是人们为达到被认识、被承认存在的目的而进行的一种行为。当人们确认与了解另一个人的存在时，他们会给对方一个“抚慰”。

抚慰具有方向性，它可以是正面的，也可以是负面的。“抚慰”的呈现通常是明显易懂的，但在暧昧沟通中却隐藏不明。

（1）正面抚慰。

学前儿童得到的正面抚慰通常是在与人的对话和沟通中获得的象征性抚慰。正面的象征性抚慰有拥抱、表扬、握手、公开的喜爱表达如“我喜欢你”，或者是不打断的倾听。这种正面的象征性抚慰是受众人欢迎的。

（2）负面抚慰。

学前儿童得到的负面抚慰有缺乏关注、拳打脚踢和传递“你是不行的孩子”“妈妈讨厌你”等令人厌恶的信息。少量的或侮辱性的、嘲弄的抚慰，会使人们觉得自己是不重要的。而个人给予和接受抚慰的模式大部分取决于其生活地位，人们如何看待自己与别人，控制了他们给予与接受正负面抚慰的能力。

人们为了交换抚慰而投入“沟通”活动。根据伯恩所述，人们互动与抚慰的“刺激”，是人类天生渴望获得的目标，而任何表达对别人存在意义的行动，皆是满足这些渴望的手段与方法。当无法满足这些需求时，学前儿童生命的丰富亦将无法达成，甚至会造成学前儿童产生被遗弃的感受与“我不行”的生活地位状态的感受。满足渴望的感受，将萌发“我行-你行”的状态，并能释放出具有创造力的能量。

（三）沟通分析理论对学前儿童心理教育的启示

沟通是人与人之间、人与群体之间思想感情传递和反馈的过程。沟通分析教育干预的目的之一，即协助人们通过学习好的方式来架构他们的沟通形式。在人格发展的阶段论中，埃里克松指出，在学前阶段儿童对自己能力的新意识使其产生了主动感，他们已经能够形成自己的意图，并且能够按照有效的方式行事。因此，教师在与学前儿童相处的过程中，应当将学前儿童看作一个独立的个体。正确的学前儿童的自我概念，会对其人格发展产生重要的作用。教师需要并且可以通过分析学前儿童的沟通方式，来了解其自我概念。一旦学前儿童出现了明显的心理问题，再进行教育干预就需要花费更多的精力。

三、完形教育干预和理性情感教育干预理论

与个体心理学和沟通分析理论具有同样重要影响的学前儿童教育干预理论是完形教育干预和理性情感教育干预理论。以下将对这两个理论进行阐述和分析。

（一）完形教育干预理论

完形教育干预法，又称为“格式塔疗法”（gestalt therapy），是由皮尔斯（F. Perls）倡导和建立的一种心理教育法。完形教育干预理论强调人是有组织的整体，把心理或行为看作情感、思想、行动的整合过程。

1. 皮尔斯的人性观

皮尔斯的人性观强调人的完形性、自主性、感官知觉性和自我觉察性。

（1）强调人的完形性。

人是一个完形的个体，只有当人们以“完形”，也就是以整个有机体都投入的方式来做出反应和行动时，正常和健康的行为才会产生。大多数的人常会在同一时间将注意力集中在不同的事物上，如此一来，效果自然大打折扣，甚至容易发生意外。

（2）强调人的自主性。

每一个完形的个体都具有自身独特的力量。他相信个体本身有自我运作的能力，能够引导自己整合自己的生命。

（3）强调人的感官知觉性。

人的身体和感觉常比我们所说出来的要诚实得多。一些躯体症状如头痛、出红疹、脖子痛和胃痛等的出现，常是警告我们改变行为的时候到了。

（4）强调人的自我觉察性。

皮尔斯认为，人的自我觉察性是很重要的。因为人有自我觉察的话，本身就足以引起自我改变了。当一个人能完全自我觉察时，也就是他（她）所有的部分都能完全“运转”的时候，也就是他（她）能完全掌握自己的开始。

教师要帮助学前儿童达到成熟，就必须寻找在学前儿童本身的生活方式中，他（她）自己所应负起的责任。教师需要鼓励学前儿童去觉察自己正体验到什么及自己做些什么，这种觉察可以帮助学前儿童了解自我，并得到如何调节自己的知识，从而学习到如何对自己的情感、思维和行为负责。

2. 皮尔斯的健康观

（1）健康的定义。

完形学派对心理健康所下的定义是：个体能够不受环境中的各种刺激所影响，一直保持在“自我觉察”的状态之下，清楚地知道自己的需要在哪里，并且知道该用什么方式来满足自己的需要。

健康的人也会有心理冲突和挫折，但他们会用较高的专注力和自我觉察力来解决问题，不会用幻想的方式来逃避。他们知道哪些人际冲突是可以解决的，哪些是无能为力的。

(2) 责任感与健康。

完形学派认为，健康的个体是具有为能达到成功的适应，而发展出为自己的生命以及为自己对环境所做的反应负责任的能力的人。以下这首小诗非常真实地把完形学派的理念表达出来：

我做我的事，你做你的事。
我活着不是为了符合你的期望，你也不是为我的期望而活。
你是你，我是我。
如果我们彼此能相宜，那实在美好。
如果不能，也并非过错。

(3) 专注与健康。

皮尔斯认为，拥有健康特征的人，是那些专注的人。因为在同一个时间段中，人只能集中在一件事上，其他的事就会先摆到一边去。若以舞台剧为例，一次上场只能有一位主角，其他配角都要在主角上场后隐退到幕后，这样主角才能得到全部的注意。一件事解决了，它就退到幕后去，另一件事才能顺利地走到幕前受到关注。不重叠、清楚的幕前幕后，是皮尔斯认为健康的人所拥有的特征。在任何时候，吸引个体全部注意力的应该只有一件事，其他的需要都只能退到幕后去，只有等到幕前的需要被满足之后，另一个需要才能到幕前来。因此，个体总是在决定哪一个需要应到幕前被首先满足。

(4) 问题与原因。

皮尔斯指出，心理不健康的人常常想要在同一时间满足许多个不同的需要，结果是没有办法完全满足任何一个需要，他们也常会运用自己的影响力来操弄别人，以达成自己的目的。因此，他们习惯于将自己的人生交付他人之手，让他人为他们负责。如果将以上的描述做一整理，我们大概可以将个体产生问题的原因归纳如下：

1) 与环境失去互动或接触。他们可能会自绝于外，使自己与其他人和环境都失去联系。

2) 与环境无法分离。他们也可能太注意环境中的信息而忽略了自己的需要，以至于行为完全被环境所控制。

3) 未完成事件。他们可能有未满足的需要、未表达的情感或一些转移其注意力的未完成情境。

4) 片段化。他们可能会尝试去否定一些不为超我所接受的需求，如攻击性。当个体将自己的某部分需求压抑时，这种片段化的情形容易使个体变成没有能力去满足自己需要的人。

5) 超我/本我。个体的人格分成两部分：一部分是主张“我应该怎么做”(topdog) 的，类似精神分析学派的超我；另一部分是主张“我想要做什么”(underdog) 的，类似本我。

6) 两极化。个体在日常生活的情境中，常会有两极性的冲突产生，大体看来可分为以下五类：

生理上——男性化/女性化

情绪上——快乐/痛苦、兴奋/忧郁、爱/恨

心理上——父母/学前儿童、情感/理性、topdog/underdog

灵性上——怀疑论/绝对论

人际上——男人/女人

皮尔斯的健康观表明，自我觉察和自我调节是健康的显著特征，并且会帮助个体保持健康的状态。而形成健康的关键在于责任感和专注能力，如果一个人不能拥有这两种品质，容易产生各种精神方面的问题。

3. 直接经验的重要性

（1）强调个体此时此地的感受。

完形学派相当强调直接经验的重要性，注重个体在觉察此时此地的感受，它是经验导向的学派，不注重症状和分析。

（2）强调个体完整的经验和统合。

对皮尔斯而言，统合和成熟是永远没有终点的过程，并且与个体对此时此地的觉察有直接的关联。当个体有一个需要产生时，一个完整就产生了，当这个需要被满足后，这个完整也就自动消失，产生另外一个需要，新的完整也形成了。若是某个完整没有完成，也就是需要没有被满足时，就会变成一个未完成事件，困扰就因此产生。

4. 完形教育干预理论对学前儿童心理教育的启示

学前儿童的发展总是在遇到问题—需求答案—得到解决中进行的。学前儿童能力意识的发展使其渴望对遇到的问题进行探究，但是由于语言困难或羞怯情绪，学前儿童将问题堆积在内心当中，而过往的未解决问题会对学前儿童现时的发展产生阻碍。教师需要随时随地注意、观察学前儿童的各种表现，在创设活动方案时考虑学前儿童的困扰所在，为学前儿童创造释放困惑的氛围，鼓励学前儿童亲身寻找解答问题的途径，解决问题的过程也就是学前儿童不断向前发展的过程。

（二）理性情感教育干预理论

理性情感教育干预（rational-emotive therapy，RET），是由心理学家埃利斯（A. Ellis）开创和拓展的一种心理教育方法。埃利斯运用这个心理教育方法，为几千名成人、青少年和学前儿童进行了个别教育干预，也为 2 500 名以上的成人和青少年进行了团体教育干预，效果显著。

1. 哲学基础

理性情感教育干预的理论以古罗马爱比克泰德（Epictetus）的哲学为基础。爱比克泰德认为“使人们困扰的不是所发生的事件，而是人们对事件的判断”。一般而言，非常年幼的学前儿童情绪分化不大，而且表达情绪时会以快速的、无法忍受延宕的方式表达。当他们长大之后，他们虽然学会有效地使用语言，并且也能够容忍自己的情绪，但是令人难受的情绪记忆仍会留下。

2. 理性系统

理性情感教育干预理论包括七个方面的内容。

（1）着重现在。

理性情感教育干预理论并不重视对当事人过去事件的探究，而着重关注现在事件的意义及个人对现在事件的反应。

（2）强调选择。

理性情感教育干预理论的理性系统强调：身为人类，我们能够“选择”。我们可以控制自己的想法、态度、情感和行动，我们也能够依照自己的意念来安排个人的生活。对于会发生的事情以及存在的一切，的确难以全然掌握，然而我们拥有看待这个世界、应对困难的选择权与控制权。

（3）非理性信念。

理性情感教育干预的理论认为，人如果以理性系统来与人回应，则无好坏可言。但是如果人以非理性信念与他人互动，那么他将容易在对自己、对他人的期望有所失落，将他人视为邪恶的、厉害的、可怕的角色。人的非理性信念是自己产生对别人、对环境、对本身的感受的重要动因，对于自身所产生的困扰亦需要负起最大的责任。

（4）自我挫败。

埃利斯认为，人类天生为非理性的、自我毁坏的群体，是需要被指导教育成长的。人们常扭曲自己的欲望与喜好，并且自我挫败地将其扩增为必须、应该、必然和要求。在努力消除这些非理性信念的同时，人们就会产生情绪困扰，变得生气、焦虑、忧郁、无价值感、自怜。其他负面感受也会导致自我挫败的行为产生。

（5）循环历程。

埃利斯指出，人们可以“自然地”受到帮助以及拥有爱的能力——只要当人们不再非理性地思考着。埃利斯标示了一个循环的历程，如图 4－5 所示。非理性思考导致自我厌恶，自我厌恶导致自我挫败行为与厌恶他人，而此又造成别人不合理的对待，也就再度回到了圆圈的起点。

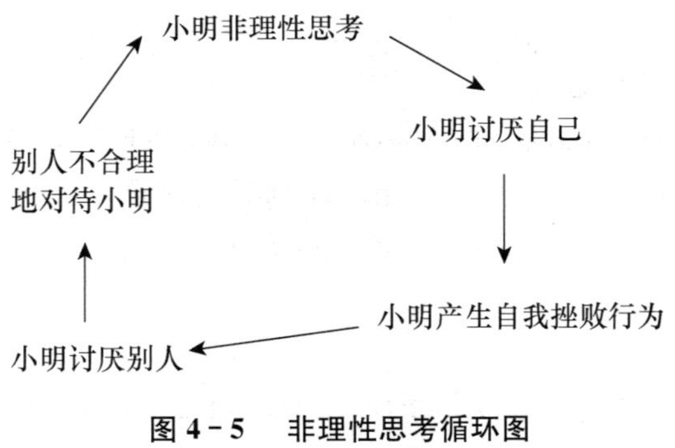

图 4－5　非理性思考循环图

（6）非理性信念的替代。

埃利斯相信，人类的一些非理性想法是天生的，但是绝大多数的非理性信念却来自教养我们的人（如父母、老师等）。埃利斯列举了三项人们常执着的非理性信念：“我必须完美”“别人必须完美”“世界必须完美”。以下的一些例子，简要描述了人们在遇到生活事件发生时是如何在运作一个非理性系统来自我告知、来解释事件；另外，在每一个非理性的自我告知后，会呈现出另一个较为理性的替代性想法供大家参考（见表 4－1）。

表 4-1　　非理性与理性想法的对比

	非理性的自我告知	理性的替代性想法
“我必须完美”	如果我表现得胜任愉快，那将是非常完美的事，我绝对应该、绝对必须如此完美。如果没有，我会是一个多么糟糕、多么没有价值的人呀	如果我很优秀，那很好。但是如果不是，也没关系。无论如何，我都会尽力而为
“别人必须完美”	别人体贴地、公平地对待我是非常重要的事。别人绝对应该、绝对必须如此对我，如果不是，那他们就是该死的、卑劣的小人	我比较喜欢别人体贴地待我，然而我也知道这不可能是永久不变的定律。所以，当不如所愿时，我不会对别人进行人身攻击，而且也会把这样的喜好视为我个人的需要
“世界必须完美”	我不要痛苦，只要快乐，这是最完美的希望。这个世界绝对应该是只有快乐的，如果不是，那么我一点也不能忍受这个可怕的世界	我知道人生有苦有乐，因此我会尝试将痛苦时刻化为正向的学习经验，所以我可以忍受考验，甚至可以从中受益

（7）对非理性信念的说明。

1）焦虑并不能被视为“非理性”的感受，而应被视为主要源于错误的非理性信念的不当感觉。感觉不能和信念混合在一起。

2）当事人需要为他们的信念与后续感受负起全责。

3）当事人并非是早期经验或环境制约的产物，而是一个能够选择制造个人非理性信念与后续感受的个体。他是可以选择改变他的想法的。

4）人们虽然选择了非理性信念、不适当的感受或毁灭性的行为，但是他们仍不应该因此而被责怪、诅咒或惩罚。

当人习惯于以一个或多个非理性哲理来解释每天所发生的事件时，他将会变得对人怀有愤怒与敌意，或者将这些感受内化成为焦虑、罪恶感和忧郁。

3. 理性情感教育干预理论对学前儿童心理教育的启示

理性情感教育干预理论认为，人的观念或对某一事件的主观判断是值得考虑的，非理性的自我信念会导致各种消极情绪的产生，而理性的思考会帮助个体保持积极的心理状态。学前儿童作为发展中的个体，辨别是非的能力较差，教师是学前儿童心目中的“重要他人”，学前儿童会通过教师对自己的态度和评价来感知自己、评价自己、构建自己。因此，在帮助学前儿童形成积极的理性的自我信念时，教师应当注意保持自身理性的思考方式。同时，在面对学前儿童的非理性信念时，教师不应对其嘲笑讽刺，而是需要创造条件让学前儿童体验理性思考的益处。

四、认知发展理论

在对学前儿童的特殊行为进行分析时，往往会依据皮亚杰（Piaget）的认知发展理论。

（一）皮亚杰的四阶段认知发展理论

皮亚杰将儿童的认知发展分为感觉运动期、前操作期、操作期和形式期四个阶段。皮亚杰认为，儿童可以完成四个阶段的认知发展。他的理论是根据儿童的年龄发展归纳出来的。表 4－2 就是皮亚杰的四阶段认知发展理论。

表 4－2　　皮亚杰的四阶段认知发展理论

阶段	发展类型	年龄	认知发展
婴儿期	感觉运动期	0～2 岁	婴儿借助触觉、味觉、嗅觉、视觉与听觉学习。他们开始学习环境中的规律（比如，椅子都可以坐）。他们的语言开始往形态、生活习惯用语发展，同时他们开始象征性地沟通
学前儿童期	前操作期	2～7 岁	学前儿童在解决问题时没有保留的观念。例如，他们无法计算固体或液体的重量；当物体改变形状的时候，无法正确估计物体重量的大小 学前儿童期是语言成长最迅速的时期；同时，学前儿童以“尝试错误”的方式解决问题，并且倾向于一次只能注意一种刺激；但是他们能够用一种以上的方法将物体分类（如用大小、形状、颜色和组织构造等区别出来）。他们对可转换的概念有困难；他们喜爱以向上的秩序来学习各种事物；他们倾向于以自我为中心，但是如果能够与其他学前儿童一起游戏，有助于克服这种自我中心化
青春前期	操作期	7～11 岁	儿童于此时期已经习得保留观念的技巧，同时能够运作转换观念；推理必须根据认知理解，因此此时期的儿童很难进行抽象的推理，可是他们却能够以其他的观点来认知。具体的事物、图形、图表与各种例子都是有益的学习工具
青春期	形式期	11 岁以上	此时期的儿童已经不需要操作物体来解决问题。他们能够用抽象的思考方式与科学的实验方法（包括一般的假设与可代替的方式）以及设计的能力、应用一系列解决问题的程序，解决他们所面临的问题

如果儿童在各个发展阶段没有达到该年龄阶段所应达到的水平，就可能会因认知发展滞后而引起心理健康问题。

（二）学前儿童认知发展的主要问题

在学前儿童中，由认知发展而引起的问题主要有自我中心化问题、看待事物只专注于一点的问题、思维的非可逆性问题以及对关系认知的欠缺问题。

1. 自我中心化问题

学前儿童无法看到他人的观点。例如，学前儿童相信其他人的想法与做法均与自己的相同。自我中心化妨碍了学前儿童对自己的想法与行为提出质疑，甚至在面对强烈的冲突时也是如此。至于同情心的发展，对自我中心化的学前儿童而言，也是相当困难的。

2. 看待事物只专注于一点

学前儿童无法专心对一个问题有多方面的注意。例如，由五个硬币排成的一个长线比起由六个硬币排成比较短的线，可能学前儿童认为由较多的硬币排成的线更长。学前儿童的理解认知是有限的，因此无法看见森林中的树木。由于学前儿童的认知发展特征，使得咨询中所要解决的问题很困难。因此，心理教育者必须对学前儿童来访者提供更详细的解释。

3. 思维的非可逆性

学前儿童无法从“由前而后”的秩序中解决问题之后，再通过“由后而前”的秩序解决问题。例如，学前儿童解算术题 8＋9＝□，就相对比较容易，而做 17－□＝8 时，就有困难。思维的非可逆性特点，同样妨碍认知理解。学前儿童经常因为物体形状的改变而无法对物质的“量”有正确的判断。例如，将黏土做成的球压成圆饼形时，学前儿童认为原来的球由于较“高”的缘故，所以含有比较多且重的黏土。

4. 对关系认知的欠缺

学前儿童无法理解事件给予的顺序或因果关系。他们很难看见事物之间的关系，或者明白何谓“因”何谓“果”的问题。学前儿童很难预测他们的行为，同时很难评价他们的行为对自己以及对别人的影响。另外，由于学前儿童缺少对事物间关系的认知，他们无法发现情境中灰暗不明的那一面。因此，他们对事物的看法只有黑或白、对或错。

（三）认知发展理论对学前儿童心理教育的启示

只有符合学前儿童认知水平的心理教育才是行之有效的。前操作期的儿童，行为与想法倾向于以自我为中心。所以，学前儿童很难以他人的观点来看事情。前操作期的儿童相信每个人有相同的想法与做法，因此他们从来不对自己的想法持怀疑态度。就他们所关心的事来说，他们可能是唯一的思考者，因而他们的想法必须是正确的。当他们面对与他们的想法相互矛盾的事实时，其结论是，事实是错误的，因为他们的想法不可能出错。所以，就学前儿童的观点而言，他们是合乎逻辑与正确的。自我中心者的想法并非意图以自我为中心，学前儿童并没有注意到他们是以自我为中心的，以至于他们不觉得需要解决这种问题。

鉴于学前儿童的认知发展特点，教师在分析学前儿童的问题行为时必须清楚学前儿童认知发展的阶段或水准，了解学前儿童能够从事抽象推理能力的程度和思考阶段的特质，以确定其问题行为出现的原因，从而找出相应的教育干预策略。

五、依恋理论

英国著名心理学家鲍尔比（John Bowlby）通过研究发现，那些从小被慈善机构收容、自幼失去母爱的学前儿童，往往会出现身心发展迟缓和反常的现象，并指出了在母婴间确立依恋关系的重要性。在这之前，对于母子依恋理论具有重要影响的，是高度重视婴儿时期各种精神的弗洛伊德学派。

（一）依恋的定义

依恋是婴儿与主要抚养者（通常是母亲）间最初的社会性联结，也是情感社会化的重要标志。它是婴儿与其抚养者在相互作用的过程中，形成的一种心理上的联结和纽带，表现为学前儿童对抚养者的一种追随、依附和亲密行为以及由此而带来的心理归属感和安全感。作为一种心理结构和心理过程，依恋是个体早期成长过程中不可缺失的社会关系，也是其社会性发展过程中至关重要的开端。

（二）依恋的形成

依恋的形成有三种非常重要的影响因素。

第一，及时满足。婴儿刚刚来到这个世界上，身体羸弱，饮食、排泄都需要成人的帮助。此时，抚养者对婴儿生理需要的及时满足会让婴儿对外部的世界产生信任感。婴儿表达需要的信号是他（她）的哭声，细心的抚养者会发现婴儿不同的哭声代表不同的需求，如急促尖厉的哭声说明婴儿遇到了危险，高亢嘹亮的哭声表明婴儿的饥饿，而间歇的小声的哭声说明婴儿孤单寂寞了，需要抚养者的抚慰。有研究发现婴儿的哭声有九种之多。辨别这些不同的哭声并给予相应的满足，需要抚养者付出极大的心力。如果婴儿的种种需要没有得到满足，或者说婴儿一哭抚养者就不分青红皂白地给婴儿喂奶，婴儿就会对环境产生不信任，也会丧失对自己的信任。

第二，目光注视。抚养者的关注是婴儿精神生命成长的太阳。抚养者的眼里充满着爱意，目光的注视会让婴儿感受到抚养者对他（她）的重视，这是婴儿社会性发展最早也是最重要的一步。因此，即使是用奶瓶喂奶，也要保持着这样的姿势，让婴儿能够在吮吸时与抚养者有眼神的交流。

第三，抚摸拥抱。抚摸拥抱是孩子成长的精神维生素。父母经常性的抚摸和拥抱是婴儿获得心理安慰和满足的重要途径。无论是悲伤还是快乐，表达感情的重要途径就是紧紧地拥抱，这是一种来自先天的需要。

（三）依恋的类型

依恋理论的一个重要发展是关于依恋个体差异的研究。心理学家玛丽·安斯沃思（M. D. Ainsworth）在通过陌生情境技术研究学前儿童与母亲依恋的一系列实验中发现，学前儿童的依恋存在三种类型：安全型、焦虑-回避型和焦虑-矛盾型。

1. 安全型依恋

属安全型依恋的学前儿童，当母亲在场时有足够安全感，能在陌生的环境中自由地进行探索，不排斥陌生人。当母亲离开时会表现得心烦意乱，但是过了一会儿就会适应，可以与陌生人一起玩。而当看到母亲返回时便会高兴、兴奋，放下手上的玩具扑到母亲的怀里。

安全型依恋是学前儿童社会性发展的良好表现，形成安全型依恋的条件在于学前儿童需要的及时满足、母婴之间长期的目光注视以及抚摸拥抱。学前儿童对外部的世界是充满信任的，所以即使学前儿童对母亲暂时离开不太满意，但学前儿童相信母亲很快就会回来。

2. 焦虑-回避型依恋

焦虑-回避型依恋的学前儿童在母亲离开或返回时几乎没有任何情感反应，而且对待陌生人及母亲的态度也没有明显的差异。学前儿童很少有探索行为，其情绪不会有多大变化。

这一依恋类型的学前儿童通常没有和母亲形成深厚的情感联结。学前儿童知道自己需要的满足与否自己是无法决定的，也没有能力改变。学前儿童的心中已经形成自卑感，所以不会有过多的表达需要的迹象。

3. 焦虑-矛盾型依恋

焦虑-矛盾型依恋的学前儿童会对探索行为及陌生人焦虑，即使母亲在场也是如此。

焦虑-矛盾型依恋很大程度上是由母子（女）之间的不信任造成的。学前儿童不相信母亲。母亲很多时候满足学前儿童的需要是马虎的，有时候及时，有时候不及时，有时候理解正确，有时候却给孩子不适当的满足。焦虑-矛盾型的依恋是一种不安全的依恋。

（四）依恋对个体发展的影响

第一，不同类型的依恋关系反映了不同类型的内部工作模式，这种模式能够促进感情和行为的发展。如果个体在早期的亲子关系中体验到了爱和信任，他（她）就会觉得自己是值得爱的，而且能毫无畏惧地离开母亲，自如地到处探索，认识客观世界。但是，如果学前儿童的依恋需要没有得到及时的满足和关注，他（她）就会觉得自己不值得爱，从而产生不喜欢自己的念头，同时也会对他人和周围的环境产生不信任感。这样的人常常难以适应陌生的环境，会形成多疑、孤僻、冷漠的性格，从而影响他（她）以后对待周围的人、事、物的方式。

第二，安全依恋的建立，会促进学前儿童自我认同感的形成，从而帮助其建立起自信心。研究者发现，与抚养者依恋关系较好的学前儿童，自我认同感也比较强，快乐、自信、富有爱心，善于表达情感，人格健全，这为其良好的人际关系的建立奠定了基础。如果学前儿童缺乏依恋感，经常为抚养者的离开而感到紧张、焦虑、恐惧、不安，会产生沮丧、失望、气愤等负面情绪。大多数研究也得出了不安全依恋与攻击性相关的结论。

（五）影响安全依恋形成的因素

依恋在学前儿童心理发展中也越来越被重视，但是焦虑-回避型和焦虑-矛盾型的亲子依恋关系却越来越普遍。影响安全依恋形成的因素主要有以下几种：

第一，“电子保姆”的出现。如今市场上针对学前儿童的玩具越来越丰富，有些父母为了表示对学前儿童的重视或者想要享受自己的轻松时光，常常会给学前儿童购买此类玩具。甚至在设计学前儿童玩具时，有些父母会强烈要求增加学前儿童自己能做的部分，尽量减少父母的参与。而依恋正是在学前儿童与父母的共同合作与交流中形成的，减少了这一部分，也就减少了学前儿童与父母形成依恋的可能性。

第二，抚养者的频繁更换。这种情况常发生在城市里。有些孩子常常在奶奶家过几天，在外婆家过几天，等父母高兴了，再让孩子在自己身边待几天。主要照料者的频繁更换会使学前儿童的依恋对象无法确定，或者不会对某一个人形成强烈的依恋，而是将情感平分给了所有的照料者。这种情况常常会使学前儿童形成焦虑-回避型的依恋，即对照料者的离去和到来没有很大的反应。

第三，父母的育儿缺席。在公园里，常常可以看到这样的场景：保姆抱着娃儿走，妈妈带着小狗溜。时髦的妈妈既要和宝宝在一起，又希望保持自己优雅的形象。她们不愿将孩子送给老人带，而是雇保姆来带孩子。孩子饿了用奶瓶喂，孩子小便用尿不湿，孩子哭了有保姆抱。这样学前儿童虽然和父母生活在一起，但是缺少和父母的眼神肌肤接触，反而容易和保姆产生依恋关系。如果保姆更换，会对学前儿童造成较大的伤害。

此外，父母感情不和、计划外生育等也是影响现代学前儿童依恋缺失的因素。

（六）依恋理论对学前儿童心理教育的启示

学前儿童通常面临入园焦虑的问题，根据依恋理论，这是由学前儿童与母亲或其他主要照料者的分离焦虑引起的。教师在帮助学前儿童适应幼儿园生活时，可以同学前儿童建立新的依恋关系，如师幼依恋、同伴依恋等。安全的师幼依恋关系的建立需要教师给予学前儿童更多的温暖和尊重；创造与学前儿童交流对话的机会，并引导学前儿童自我表露；建立与学前儿童之间的信任，及时对学前儿童的需要做出反馈。同伴依恋关系的建立需要教师发挥桥梁作用，引导学前儿童之间进行更多的交往。此外，创造一个安全、熟悉的环境也是建立依恋的重要方式。学前时期是学前儿童形成健全人格的关键时期，需要教师更多的呵护。

六、积极心理学理论

积极心理学（positive psychology）是美国心理学界兴起的一个新的研究领域。它是利用心理学目前已比较完善和有效的实验方法与测量手段，来研究人类的力量和美德等积极方面的心理学思潮。目前关于积极心理学的研究，主要集中在积极的情绪和体验、积极的人格特征以及构建健康人格等方面。

（一）积极的情绪和体验

积极的情绪和体验是积极心理学研究的一个主要方面，涉及积极情绪和情感的作用，以及像主观幸福感、快乐和爱这样的积极情绪的具体研究。

1. 拓展-建构理论

弗雷德里克森（B. L. Fredrickson）于 1998 年提出了拓展-建构（broaden-and-build）理论，认为某些离散的积极情绪，包括高兴、兴趣、满足、自豪和爱，都有拓展人们瞬间的知-行的能力，并能构建和增强人的个人资源，如增强人的体力、智力、社会协调性等。同时，其他实验研究表明，积极情绪拓展了知-行的个人资源，而消极情绪则正好相反，而且积极情绪有助于消除消极情绪。

2. 主观幸福感

主观幸福感是指个体对于自己本身的快乐和生活质量等“幸福感”指标的感觉。影响主观幸福感的主要因素是自尊和自我控制程度。

沙利文（Sullivan）认为，当自尊下降时，幸福感会消失。美国密歇根大学在对快乐的研究中发现，对生活是否满意的最好的预示不是对家庭生活、友情或收入是否满意，而是对自我是否满意。在集体主义文化中，自尊会更多地依靠团体的成功而不是个人的成就。总之，自尊是持久快乐的重要基础。

心理控制点的概念反映了人们对行为与后来事件之间关系的期望，较高的自我控制能带来快乐和幸福。要变得快乐，并不是因为能得到什么，而是能控制什么。

3. 保持生理健康

积极的心理和情绪状态对于保持生理健康也有很大的意义。积极的情绪状态（如乐观）可以增加人的心理资源，使人相信结果会更好。在面对压力事件时，处于积极情绪状态的人通常更不易生病；而对于病人来说，那些处于积极情绪的病人更愿意接受医生的建议，配合教育干预并进行锻炼。研究发现，积极的情绪状态有助于改善患病者的身心状况，并且良好的情绪状态可以促进积极的康复活动，这是因为积极的情绪状态可以相应地提高免疫系统的功能。

（二）积极的人格特征

1. 积极人格特征的维度

在积极心理学中，积极的人格特征也引起了越来越多研究者的兴趣。赫尔森（Helson）将积极的人格特征与消极的人格特征进行了区分，认为在积极的人格特征中存在两个独立的维度：（1）正性的利己特征；（2）与他人的积极关系。

前者是指接受自我、具有个人生活目标或能感觉到生活的意义、感觉独立、感觉到成功或者是能够把握环境和应对环境的挑战；后者则指的是当自己需要的时候能获得他人的支持，在别人需要的时候愿意并且有能力提供帮助，看重与他人的关系并对已达到的与他人的关系表示满意。

积极的人格有助于个体采取更为有效的应对策略，从而更好地面对生活中的各种压力。对压力的应对策略可简单划分为趋近策略（比如解决问题或者寻求社会支持）和回避策略（比如逃避或者否认）两类，趋近策略比回避策略在应对压力中更为有效。

2. 乐观

在积极的人格特征中，引起较多关注的是乐观，因为乐观让人更多地看到好的方面。乐观的人在面对困难时，会继续坚持所认为有价值的目标，采取有效的应对策略，不断地对自己和自我状态进行调整，以便更快地实现目标。

人有时会产生“乐观偏差”，即判断自己的风险要比判断他人的风险小，盲目乐观而不够现实。这是矛盾的两个方面：现实主义会提高成功适应环境的可能性，而乐观则会使我们有比较好的主观感受。如何在现实与乐观之间达到某种平衡？施奈德（S. L. Schneider）讨论了一种“现实的乐观”，认为“现实的乐观”与现实并不相互抵触，因此原则上不会产生不现实的对于环境或事件的评价，能够做到乐观而又不自欺。

乐观品质的形成和发展主要是由父母的心理健康水平、父母所期望塑造的角色类型、父母对乐观的鼓励和奖励程度所决定的。因此，乐观的人更多来自父母双方都没有抑郁患者的家庭。乐观的父母是孩子采取乐观解释风格的榜样，他们把成功归因于内部的、普遍的和稳定的因素，把失败归因于外部的、特殊的、暂时的因素。

（三）构建健康人格

人格统合良好的个体主要有以下几个方面的表现：

1. 客观的认知与正确的自我意识

具有客观认知的人能够采用客观的态度去认识自己、他人和周围世界，不带任何主观偏见地去看待现实，能够按照事物的本来面目来认识，更能发现事实真相。自我意识是指个体对自己身心状态特征以及所作所为的觉察、评价和态度，包括对自己的存在以及对周围的人或物的关系的意识。正确的自我意识表现在认识过程就是客观、全面地认识自我、评价自我、悦纳自我；表现在情感过程就是自尊、自爱；表现在意志过程就是努力发展身心潜能，提高抗挫折的能力，自信、自强。

具有健康人格的个体能够正确认识自己并接纳自己，对自己有合理的期望，而且知道自己为什么活着，善于利用每个成长机会改进自己、完善自己；缺乏正确自我意识的人常常表现出自我冲突、自我矛盾或者自视清高、妄自尊大，或者自轻自贱、妄自菲薄，从而放弃了一切可以努力的机遇。

2. 乐观向上的生活态度与积极的情绪体验

乐观不仅是我们每个人所应有的生活态度，也是每个人人格健康的前提。乐观的人常常能看到生活的光明面，对前途充满希望和信心，他们不会被眼前的困境所吓倒；相反，悲观的人常常看到生活的阴暗面，对任何事物都没兴趣，心情沉重，遇到一点挫折就情绪低落、怨天尤人，甚至自暴自弃。乐观开朗的人比悲观者更幸福、更有成就。积极的和良好的情绪有益于人的身心健康，它是人格成熟的标志。

人格健康的学前儿童情绪反应适度，具有调节和控制情绪的能力，能够经常保持愉快、满意、开朗的心境，并富有幽默感。当消极情绪出现时，能合情合理地宣泄、排解、转移和升华。他们消极情绪较少，积极情绪较多，因而具有较高的主观幸福感。

3. 和谐的人际关系与良好的社会适应

人际关系是指人际交往中由相互认识和相互体验而形成的以感情亲疏为特征的直接心理关系，它表现为交往双方心理相容或心理冲突的主观体验状况，是构成人类社会最普遍、最直接的关系。人际关系形成的必要前提是社会交往。社会交往可以促进人与人之间相互沟通理解，调节身心状态，增强人的责任感。

人际关系最能体现一个人人格健康的程度。一个具有健康人格的学前儿童能拥有亲密的同学或朋友，参加范围较广的活动，正确处理人际竞争与合作的问题。与人相处时诚恳、热情，尊敬、信任等正面态度多于嫉妒、怀疑等负面态度，而且能够尽力遵循理性和公正的原则、正确认识自己和他人的情绪，能营造和谐的群体气氛。和谐的人际关系既是人格健康水平的反映，同时又影响着健康人格的形成和发展。

4. 实践活动的积极主动性、创造性与自我效能感

人格健全者能够积极主动地投入学习、工作和生活等各种实践活动中，在活动中展现和发展自己的潜能，获得学习能力、工作能力和生活能力，具有实践活动的自我效能感。他们在学习、工作和生活中有很强的动力和热情，并与自己的智慧和能力和谐配合，勇于开拓，有所建树。他们敢于接受各种挑战，在困难面前不屈不挠、坚持到底，具有应对挫折的能力。

（四）积极心理学理论对学前儿童心理教育的启示

学前儿童的人格发展在学前阶段逐渐定型。根据积极心理学的观点，教师应当关注学前儿童的“闪光点”，注重为学前儿童提供积极的情绪体验，使其形成积极的人格特质。这种人格特征将有助于学前儿童建立良好的同伴关系，并激发学前儿童在各种活动中充分发挥自己的潜力。此外，学前儿童正处于尝试主动探索的关键时期，教师应当有意识地支持学前儿童的探索活动，为其创造宽松的环境，对其行为进行积极的评价。

教师必须理解学前儿童、尊重学前儿童，用充满爱心的科学班级管理理念来对待学前儿童，这将极大地促进学前儿童积极健康人格的形成，为学前儿童内在自我实现潜能的开发奠定良好的基础。

思考与练习

1. 防御机制有哪些类型？
2. 简述生命风格的影响因素。
3. 简述班杜拉的观察学习理论。
4. 简述学前儿童自我评价的重要性及其影响因素。
5. 沟通分析的方式有哪些？
6. 简述非理性信念对学前儿童心理发展的影响。
7. 常见的学前儿童认知发展问题有哪些？
8. 什么是依恋？依恋的类型有哪些？
9. 什么是积极的人格特征？

阅读导航

1. 克莱因. 儿童精神分析［M］. 徐晴，等译. 北京：九州出版社，2017.
2. 李群峰. 儿童行为心理学［M］. 苏州：古吴轩出版社，2016.
3. 刘颖. 正面管教儿童行为心理学［M］. 上海：文汇出版社，2018.
4. 卡普. 卡普儿童行为手册［M］. 孙成昊，译. 杭州：浙江人民出版社，2013.

第三篇

教育与教育干预

第五章

学前儿童心理健康教育与教育干预

本章导读

本章着重从宏观层面介绍学前儿童心理健康教育与教育干预的目的与路径。第一节阐明了学前儿童心理健康教育的目的和任务，介绍了学前儿童心理健康教育的几项基本内容。第二节探讨了学前儿童家庭、托幼机构和社会心理健康教育的作用特点，并提出了将三方面的教育特点结合起来使学前儿童健康教育取得更加显著效果的建议。第三节介绍托幼机构开展心理健康教育的途径和方法，具体方法主要有创设适宜的教育环境、抓住一日活动的契机、设计合适的课程等。

案例观察

案例：【小班健康活动】我是文明小乘客

一、活动目标

1. 知道安全乘车的重要性

2. 初步掌握基本的安全乘车方法

二、活动准备

1. 展示图片

（1）错误的乘车方法图片；

（2）正确的乘车方法图片。

2. 用椅子或者纸箱模拟的小车

三、活动过程

（一）导入

提问：小朋友们平时都是怎样乘车，喜欢乘车吗？

（二）活动过程

1. 图片展示、讨论

展示几张错误的乘车方法，与学前儿童探讨其中错误的做法，以及错误的做法会造成什么样的后果。

图片A 把手伸出车窗外

图片B 把头伸出窗外

图片C 开车后在车里走来走去

图片D 坐在前座不系安全带

图片E 跪坐在座位上

2. 讨论方法

(1) 提问：乘车的正确方法是怎样的？

(2) 展示正确乘车的图片，让学前儿童说说是否正确及原因。

小结：我们都要做乖乖的小乘客，安全地坐车出去玩，警察叔叔觉得我们真棒！

(三) 拓展游戏

让学前儿童在模拟的小车上表演正确的乘车方法，进行扮演司机、乘客的游戏。

四、延伸活动

将图片投入环境布置或区角，让学前儿童自由活动的时候可以反复地再认，加深印象。

思考：课程设计的思路是什么？

分析：案例中选取生活中普遍发生、贴近学前儿童生活经验的乘车情景，列举了学前儿童在乘车过程中最易发生的危险行为。学前儿童在正误对比、相互探讨中达成了乘车安全的共识。这一活动简单、直观、有效。

第一节 学前儿童心理健康教育的内容

学前儿童心理健康教育是为学前儿童的发展提供有计划的学习经验的过程，旨在提高学前儿童对有关健康科学的认知水平，改善其对待个人和群体健康的态度，培养其有益于个人、社会和民族健康的行为方式和习惯。换言之，当学前儿童遇到影响其自身及其所处的社会健康问题时，心理健康教育能帮助学前儿童解决这些问题，深化其对个人健康和社会健康的自身责任，使其健康状况得到改善，并达到较高水平的健全状态。

一、学前儿童心理健康教育的目的和任务

(一) 学前儿童心理健康教育的目的

对学前儿童而言，心理健康教育的目的是通过与学前儿童健康有关的经验和学习活动，促进他们的健康。

(二) 学前儿童心理健康教育的任务

心理健康教育的任务是让学前儿童获取有益健康行为和减少有害健康行为的知识和能

力，具体包括以下几个方面：

（1）使学前儿童认识自身对维护健康的责任；（2）使学前儿童认识与健康有关联的自身需要；（3）使学前儿童学会区分安全的行为和有危害的行为；（4）使学前儿童初步获取改进或保持自身健康的策略和方法；（5）使学前儿童初步学会预防受伤害和处理自身健康问题的策略和方法；（6）使学前儿童学会初步运用处理紧急事件的技能。

二、学前儿童心理健康教育的基本内容

学前儿童心理健康内容包括以下四个方面：

（一）传授健康知识

1. 作用

学前儿童的心理健康教育主要是通过培养学前儿童健全的个性、养成良好的心理健康习惯以及学习消除心理紧张的方法来实现的。学前儿童心理健康教育旨在帮助每一个学前儿童发展积极的自我概念以及增强鉴别和表达自己情绪的能力。

2. 范围

学前儿童心理健康教育所涉及的范围甚广，主要包括以下几个方面：

（1）教会学前儿童适当表达情绪情感和思想的技能和方法；（2）培养学前儿童对自己和他人的积极情感；（3）帮助学前儿童改善与人交往的技能；（4）培养学前儿童与人合作、分享的品质；（5）增强学前儿童自知和自我接受的意识；（6）帮助学前儿童发展自尊、自信、自主意识和自我控制能力；（7）帮助学前儿童初步养成良好的行为习惯以及培养其对心理健康问题的决策能力，使其自觉抵制有损于心理健康的行为。

3. 评价

在学前儿童心理健康教育中，传授健康的知识不可或缺。一般来说，学前儿童健康态度和信念的确立以及健康行为和习惯的养成，是建立在科学的心理健康知识之上的。有些学前儿童具有不良行为和习惯，往往是由于他们没有或者缺乏科学的心理健康知识。提高学前儿童对健康的认知水平，有助于将其行为引向正确的方向。但是，学前儿童的不健康行为和习惯并不一定是由其认知水平低下所致，认知水平的提高也并非必然在学前儿童的行为和习惯方面体现出来。

（二）帮助确立健康的态度和信念

1. 态度的定义

态度是情感领域中的一个概念，是个体对人、对事所持的一种持久的而又有一致性的行为倾向，对行为能起直接的干预作用。学前儿童对待自身、他人以及社会问题的态度，是促使知识转化成为行为和习惯的动力。

2. 态度与社会化过程

学前儿童对待问题的态度和信念一旦形成，就不太容易改变，会对其行为起直接的、持久的影响。态度和信念的形成常与学前儿童社会化的过程是分不开的，社会化的过程促进了学前儿童与健康有关的价值观和态度的形成，同时，该过程也促使学前儿童产生与价值观有联系的知识和信念，以支持这些价值观，抵御外来的干扰。

3. 重要性

学前儿童的态度不仅会影响他们早期的健康行为和习惯，也会影响其一生健康态度的形成、信念的确立以及行为习惯的养成。

（三）培养健康的行为和习惯

1. 培养健康行为的目的

培养学前儿童健康的行为和习惯，让学前儿童初步学会对问题做出正确的抉择，自觉抵制各种不健康的行为，增强自身保护健康的意识和能力，是学前儿童心理健康教育所要达到的最终目的。学前儿童的身心健康最终取决于他们的健康行为，学前儿童心理健康教育所期望获得的效果是，让学前儿童形成各种有益于自身、社会和民族健康的行为和习惯。

2. 健康习惯的形成

健康行为通过反复实践，持久积累，自然地就形成了健康习惯。健康习惯不只是对外界环境的机械反应，它本身包含着一种理性地应对健康问题和情境的倾向，从某种意义上说，真正称得上健康行为的，就是这样一种健康习惯。

学前儿童所形成的习惯还只是“习以为常”的行为，理性成分较少，但是已经形成的习惯一旦受阻，也会产生消极的情绪体验。学前儿童的可塑性较强，学前期是养成健康习惯的良好时机，教师和家长应抓住这一时期，尽力培养社会期望学前儿童形成的各种健康习惯。

（四）认知、态度、行为三者的关系

从认知到行为，是一个复杂的过程。在认知、态度和行为三者中，认知是基础，态度是动力，行为是目标，为了达到目标，就要使受教育者具有应有的认知和正确的态度。当然，从认知到行为，三者之间只存在因果关系，不存在必然性。认知、态度和行为的转变所需的时间和困难程度是不同的，认知的转变较为容易，态度的转变涉及情感问题，不仅较为困难，而且历时也较长，行为和习惯的转变则最难。学前儿童从认知到行为的转变比其他任何年龄段的人群更容易，在学龄前阶段抓好健康教育更为有效。

第二节　家庭、托幼机构和社会心理健康教育

托幼机构对学前儿童实施的有目的、有计划的心理健康教育效果明显。但是，托幼机构的心理健康教育不可脱离家庭和社会，这是因为家庭和社会的心理健康教育与托幼机构的心理健康教育具有不同的特点。有效的学前儿童心理健康教育应该包括家庭、托幼机构和社会心理健康教育三个方面，应充分发挥三者的积极作用，并使它们一体化，以产生综合的教育效应。

一、学前儿童家庭心理健康教育

（一）家庭教育的积极作用

家庭成员之间的关系是由血缘关系维系的，这种自然的情感是社会其他任何单位或者

群体所不具有的。因此，家庭健康教育不管是有意识的、有目的的，还是无意识的、潜移默化的，对学前儿童健康知识的获得、健康态度的改善以及健康行为的养成都会起到积极的作用。

对学前儿童而言，家庭心理健康教育尤为重要。学前儿童基本生理需要的满足是与家庭饮食、衣着、居住等活动紧密联系的，学前儿童对安全、爱、尊重、成就感等需要的满足，也是与家庭成员的价值观和态度、家庭成员之间的关系以及他们对学前儿童的教养方式紧密联系的。家庭健康教育是托幼机构和社会健康教育的基础，家庭健康教育往往能实施托幼机构和社会健康教育难以实施的教育任务。

（二）家庭心理健康教育的特点

家庭心理健康教育往往是非正规的，它有较大的随机性和随意性，不如托幼机构的心理健康教育那样有组织、有系统、有计划，也缺少固定的教材。但是，家庭心理健康教育常常更具针对性，更富有弹性，容易做到因材施教、因势利导且有情感因素的加入，因此能取得较好的成效。

二、托幼机构的心理健康教育

学前儿童从进入托幼机构起，就开始接受集体的健康教育，主要涉及个人健康行为和习惯、生活自理能力、热爱集体、关心他人等有益于身心健康的内容。

学前儿童在托幼机构内，在受过健康教育专业训练的教师的指导下，在集体教学和活动的情境中，接受有目的、有计划、有组织的心理健康教育，这样的健康教育效率是其他任何组织和机构难以相比的。

三、社会心理健康教育

社会心理健康教育是一项涉及面广、影响因素多、工作量大的社会教育工作。除了托幼教育机构外，还必须发动和依靠全社会的力量，包括专业心理健康教育机构、各级医疗卫生机构、各类宣传和新闻部门、各级文化部门、各类社会团体等。

（一）专业心理健康教育机构

专业心理健康教育机构是向全社会实施心理健康教育的职能部门。这些心理健康教育部门负责所管辖地区健康教育的计划、组织、实施、检查和监督。具体地说，这些机构组织各方社会力量积极开展心理健康教育活动，建立心理健康教育网络，组织编写、出版和制作各种心理健康教育宣传品，利用各种形式开展心理健康宣传教育，并对心理健康教育专业人员进行业务技术培训和指导，对心理健康教育的效果进行评价。专业心理健康教育机构对学前儿童心理健康教育起到积极作用。

（二）各级医疗卫生机构

各级医疗卫生机构对学前儿童进行心理健康教育具有自身的优势。医务人员具备专业知识和技术特长，具有权威性，为开展心理健康教育提供了有利条件，可以保证心理健康教育取得较佳的效果。

（三）大众传媒

大众传媒具有传播信息快、覆盖面广、权威性强等特点。利用电视、广播、报刊等大众传媒工具，以直观、形象、生动的方式对学前儿童开展心理健康教育，常为学前儿童所接受和喜爱，可取得积极的成效。

四、家庭、托幼机构和社会心理健康教育一体化

学前儿童心理健康教育的过程是健康知识的获得、健康态度的形成和健康行为的培养的过程。知、情、行三者的交互作用十分复杂，因此，心理健康教育要发挥家庭、托幼机构和社会三方面的教育作用，相互协调、相互补充，使三方面的教育一体化，使心理健康教育产生更为显著的效果。

第三节　托幼机构开展心理健康教育的途径和方法

一、托幼机构开展心理健康教育的途径

在托幼机构中，开展心理健康教育的途径有很多，这里主要介绍以下五种：

（一）创设适宜的教育环境

瑞典教育家埃伦·凯（Ellen Kay）指出，环境对一个人的成长起着非常重要的作用，良好的环境是孩子形成正确思想和优秀人格的基础。陈鹤琴先生曾说：学前儿童教育要取得较大的效益，必须优化环境。《幼儿园教育指导纲要》也提道：“幼儿园应为幼儿提供健康、丰富的生活和活动环境，满足他们多方面发展的需要，使他们在快乐的童年生活中获得有益于身心发展的经验。”可见，环境对于学前儿童来说是十分重要的教育资源。如果教师能够有效地抓住环境中的可利用资源，融入自己的教育智慧，进行合理、适宜的创设，有助于幼儿园开展学前儿童的心理健康教育活动，也将大大提升幼儿园心理健康教育的效果。

（二）一日活动的培养

一日活动是培养学前儿童良好习惯、帮助学前儿童掌握社会规范的重要活动。学前儿童每天都在进行重复的生活活动（如进餐、睡眠、盥洗等）以及丰富的区域活动。这些看似微小的细节，也蕴含着莫大的教育智慧与契机。皮亚杰认为，学前儿童的认知发展不是一个数量不断简单积累的过程，而是伴随着同化性的认知结构的不断再构。学前儿童的整个认知发展过程具有阶段性，每个阶段都会产生高于上一阶段的认知能力。学前儿童一天的活动也许看起来并不算什么，但随着一日活动次数的增加，学前儿童的经验不断地积累，最终会形成规范、习惯等。这些对于学前儿童日后进入学校、走向社会具有重要的价值。例如，包括与心理健康有关的一日活动能帮助学前儿童养成良好的卫生行为和习惯。在一日活动中，学前儿童接触了与健康有关的材料，参与了各种有关的活动，学习了有关的榜样和示范行为。他们会开始认识到健康是他们生活的不可或缺的一部分，也会开始建

立自身对健康所负有的责任。所以，一日活动中的习惯培养对于学前儿童具有潜移默化的作用。

（三）课程设置及相关领域渗透

在托幼机构中，教师可以通过设计合理的与健康领域相关的课程来促进学前儿童的身心发展。比如，运动类的课程可以让学前儿童掌握基本的自我保护的技能和方法等。这些与健康领域直接相关的课程可以最直接地让学前儿童掌握生活中所需要的自我保护的技能，让学前儿童对身心健康有最基本的了解。相对来说，有效的课程设置往往能够收到最直观的效果。

另外，健康教育不仅与托幼机构课程设置中与健康有关的领域有联系，也与课程设置中其他领域有密切的联系，心理健康教育可以通过各个领域，从不同的方面影响学前儿童。换言之，心理健康教育可以充分整合在各个领域的教育之中。例如，在科学教育中，可让学前儿童认识眼、耳和其他器官以及它们的功用，了解保护这些器官的简单知识；在社会教育中，可教育学前儿童与同伴友好相处，相互关心和相互谦让；在美术教育中，可为学前儿童自由表达自己的思想和情感提供机会，让他们尽情地宣泄和释放积压的能量，将被压抑在潜意识中的情感或创伤性的体验投射在美术作品中，疏泄内在的积郁以维持心理上的平衡。其实，各个领域的课程都有着千丝万缕的联系，利用好各个课程，将它们进行有效的融合，对于学前儿童健康教育来说尤为重要。

（四）注重家园共育的作用

《幼儿园教育指导纲要》指出："家庭是幼儿园重要的合作伙伴。应本着尊重、平等、合作的原则，争取家长的理解、支持和主动参与，并积极支持、帮助家长提高教育能力。"2016 年版的《幼儿园工作规程》中第五十二条指出："幼儿园应当主动与幼儿家庭沟通合作，为家长提供科学育儿宣传指导，帮助家长创设良好的家庭教育环境，共同担负教育幼儿的任务。"家庭中每个成员的行为都会影响着其他成员的行动。有研究表明，父母不良的行为方式对学前儿童行为会产生不良的影响。诸多研究也证明，父母良好的性格及和谐的家庭环境能够对学前儿童性格的形成、心理发展起到积极的影响。陈鹤琴先生曾说：幼稚教育是一件很复杂的事情，不是家庭一方面可以单独胜任的，也不是幼稚园一方面可以单独胜任的，必定要两方面共同合作方能得到充分的功效。所以，幼儿园在进行学前儿童健康教育的同时，需要关注学前儿童的家庭氛围、家长的教养方式及其心理健康等等，在学校教育的同时争取家长积极正向的支持，这样对于学前儿童心理健康来说事半功倍。

（五）社区资源的支持

《幼儿园教育指导纲要》指出："充分利用自然环境和社区的教育资源，扩展幼儿生活和学习的空间。幼儿园同时应为社区的早期教育提供服务。"幼儿园依托于社区发展起来，社区中有很多资源都与学前儿童每天的生活息息相关。社区就像是一位无声的老师，每天看着孩子们上学放学，默默地发挥着其潜在的教育作用。教师如果能够充分利用社区中的客观资源，得到社区中的群体对于学前儿童教育的支持，那么对于学前儿童的健康教育来说是一笔无法估量的财富。托幼机构的健康教育须通过家庭教育和社区教育得以实现。托幼机构与家庭、社区的密切结合、协调一致，是学前儿童健康教育取得预期成效的基本保证。

二、托幼机构开展心理健康教育的方法

（一）方法选择的要求

1. 将知识、态度转化为行为习惯

学前儿童心理健康教育强调将学前儿童在教育过程中获得的知识和形成的态度转化为对其健康有益的行为和习惯，在选择和运用教育方法时，应有利于健康教育这一基本任务的完成。

2. 用多种方法进行最优化组合

实行学前儿童心理健康教育可以运用多种多样的方法，但是，没有一种固定的最佳的方法适合所有的学前儿童。心理健康教育方法的选择和运用，实际上是托幼机构的保教人员在熟悉各种教育方法的性质、特点以及局限性的基础上，根据不同的教育内容、教育对象和教育情景，为实现心理健康教育的目标和任务，最优化运用的过程。

（二）教育方法

在学前儿童心理健康教育中，可供选择和运用的教育方法主要有：

1. 创设适宜的环境

所谓“适宜的环境”，是指适合学前儿童心理发展水平，并能促进其心理健康的环境。

环境创设的原则有以下几方面：

（1）让学前儿童有主动学习的时间和空间。例如，学前儿童能够自己选择游戏材料和游戏内容。学前儿童可以自主选择的环境，能够带给学前儿童更多的安全感和控制感。从心理上让学前儿童更为放松、舒适，才能更好地激发学前儿童学习知识的主动性。

（2）让所有的学前儿童都有参与及归属的感觉。例如，为每位学前儿童准备适合的活动及玩具，并安排放置私人物品的空间。这看似简单的区域，却可以带给学前儿童归属感，增加了他们的主人翁意识，让他们更多地把自己视为这个家的一员。

（3）环境中的教材及教具必须能符合学前儿童的需要。例如，越小的学前儿童越适合高结构化的环境和区域，而大一些的学前儿童则更适合低结构化的环境。越小的学前儿童因受思维发展的限制，对于生动形象的物品更感兴趣；而对于大一些的学前儿童，低结构化的产品能够极大地激发他们的求知欲和探索欲。符合学前儿童的需要，顺应学前儿童的发展，才能够更好地促进学前儿童的身心发展。

（4）提供秩序化的环境。例如，在进行区域安排时，让每一个区域有其固定的功能，并给予学前儿童选择不同区域游戏及同一区域游戏中不同玩具的机会。幼儿园的区角往往如一个小社会，学前儿童模拟社会生活中的情景进行游戏。让学前儿童懂得每个区域的功能，学会遵守不同区域的规则，可以为学前儿童日后遵守社会规则做好铺垫。而使学前儿童拥有选择不同游戏的机会，也充分尊重了学前儿童的心理发展和个人的权利。学前儿童在小社会中学习、习惯的行为，将来在社会生活中也将逐渐展现。

环境创设的要点有以下几方面：

（1）为学前儿童提供成功及独立的机会。学前儿童期自信心的培养尤为重要，给予学

前儿童成功、独立的机会，对于学前儿童自信心、自我认同感的培养大有益处。例如，桌椅的安排高度适中，不但可以促进学前儿童间的互动及合作，而且可以使每个人有足够操作教具的空间及足够的材料，从而增进其独立的机会，减少不必要的挫折。

（2）活动及材料应具有适当的挑战性。太简单或太难的活动都不适合，应选取具挑战性的、符合学前儿童心理特点的活动及材料。例如，学前儿童在小班看图书很多都没有问题，因为理解书本图画故事对于学前儿童来说已具有挑战性。但当学前儿童升入大班后，图书往往会加入少量简单的文字并有一些简单的拼音标注，这对于大班学前儿童来说有一定的挑战。有适当挑战的材料往往更能够激起学前儿童的兴趣，但切记不能太难，否则会让学前儿童产生挫败感或厌学情绪。

（3）提供宽敞的空间。空间的拥挤会造成挫折，且容易干扰彼此的学习。如果规划教学区域，空间的需求更大。有研究表明，人在拥挤的空间中情绪易一触即发，一点小事都有可能引发争吵和摩擦。而且，在拥挤的环境中，情绪往往传播得很快。一旦有两个儿童发生争吵，这种情绪便会传染给很多儿童。所以，教室及活动的区间要尽量宽敞，每个活动区也要分隔明确，要让学前儿童有足够的空间进行活动、游戏，从而减少摩擦及负面情绪的产生。

（4）提供隐秘的学习环境。应避免过分干扰的学习环境，比如应尽量避免使用离马路近的教室。学前儿童的注意力很容易分散，过于丰富或吵闹的环境会导致学前儿童注意力不集中。学前儿童本来注意时间就很短，因此应尽量减少环境对学前儿童学习的干扰。

（5）提供探索环境的空间及机会。例如，采用开架式的橱柜及书架，可使学前儿童自由取阅或取得相关的教具。现在每个班都有专门对学前儿童开放的图书角，学前儿童可以自由地选取图书，这极大地激发了他们的阅读兴趣，也可以从小培养他们良好的阅读习惯。学习兴趣、读书热情绝非一朝一夕就能培养的，学前儿童好奇心、探索欲的培养也在潜移默化中进行着。

（6）安排固定的作息。固定的作息可以让学前儿童对环境产生预期的心理，比如学前儿童每天什么时候要吃点心、什么时候要去户外场地，可使他们有安全感，让他们有控制环境的能力。学前儿童可掌控的事情并不多，固定的作息时间对其来说是十分熟悉可控的，对于学前儿童形成稳定的安全感很有帮助。

环境创设中理想的空间设计应该做到开放性、人性化。

教室中每一区域视觉分化都应该很清楚，比如用不同的颜色区隔，以利于学前儿童集中注意力。每个区域都一目了然，便于班级管理。应尽量避免使用太高的柜子做区域或学习区的区隔，以免学前儿童在某些区域活动时老师看不到，防止发生危险时老师浑然不知。

空间的具体安排须注意以下 12 点：

（1）空间容量适当。可分为大、小团体使用的空间，静、动态的空间，休闲、操作等空间。（2）安排各种教学形态的空间。可安排一个人、小团体（2～4 人）、小组及整个班级等的活动空间。（3）分组安排时，需考虑成员的组成能否增进学前儿童间的互动及友谊。比如，两个过动的学前儿童不要排在同一组或坐在一起。（4）座位最好转成马蹄形或其他互动式的座位。这样可以使学前儿童间有更多合作的机会，且易于进行合作教学。(5) 教室中的材料及器材应易于取用。一般而言，开架式的柜子可起到物尽其用的效果。(6) 可将教室以外的地区作为学习区。比如走廊，幼儿园教师常在走廊中融入很多自己的教育智慧，让学前儿童在每天进进出出中有所收获。(7) 每个学前儿童应有其放置个人物品的空间，比如工作柜。(8) 将个别及静态活动区放在一起，个别区不应靠近走道或门口，以免分散学前儿童的注意力。(9) 固定一个区域，作为团体活动用。可在地上画一个圆圈，供学前儿童识别。(10) 将常用的材料放在区域内。(11) 将柜子内贮存的物品用图片标示出来，便于物品归位。(12) 安排互动游戏区，让学前儿童易于移动及互动。

以上从物理空间安排的角度对环境的创设进行了说明，除此之外，适宜环境氛围的营造对于学前儿童心理健康也起着很大的作用。这种氛围的营造往往容易被忽视，但对于促进学前儿童心理健康来说，也必不可少。以下主要分为 4 类进行说明：

(1) 自我保护类。教师可以通过环境的创设，帮助学前儿童更好地认识自我、学会保护自我。比如张贴人体结构的图片、地震自救方法的图片等等。学前儿童更好地认识自我，能够增加其安全感。了解一些自我保护的知识，能够提升学前儿童保护自己的意识。

(2) 同伴合作类。同伴之间的相处在幼儿园生活中非常重要，同伴之间发生摩擦与矛盾也十分频繁，学会与同伴相处是学前儿童的必修课，有助于学前儿童性格的养成。所以，教师需要利用环境的资源，帮助学前儿童学会与他人相处。例如在区角活动中给予学前儿童一些提示，在展示的区域内可以多展示一些同伴合作完成的作品等，让学前儿童体验到与同伴合作的快乐。

(3) 师幼关系类。师幼关系对学前儿童整个在园生活、学习等各个方面都有较大的影响，在环境中营造良好的师幼关系有助于增加学前儿童的安全感。教师可以利用环境进行师幼的互动。例如，张贴和孩子们一起春游秋游的照片；在区域活动中设定某些竞技游戏，教师作为参与者参与游戏；等等。

(4) 亲子关系类。亲子关系对学前儿童身心健康的影响颇深。在幼儿园的环境中也需要营造亲子和谐相处的氛围。比如，张贴一家人出去旅游的照片等。

2. 抓住一日活动的契机

一日活动中有太多的教育契机，在一点一滴中培养学前儿童的良好行为及习惯，如滴水穿石般，虽然每日的影响甚微，但多年的积累对于学前儿童行为习惯的养成及各种意识的形成具有巨大的作用。

(1) 作息时间的安排原则。

一日活动贯穿于学前儿童在园的全部活动之中，所以，妥善安排一日活动便显得至关重要。妥善安排一日活动的关键之一在于合理安排作息时间。作息时间安排得当，对教学的品质及教师与学生间的互动都有很大的帮助。作息时间的安排，须符合以下原则：

1) 须有动态及静态的时间。2) 须有大动作及精细动作的时间。3) 须有集体及个别的时间。4) 须有室内及户外的时间。每一段作息之间应均衡流畅，才不会产生压迫感。均衡指的是，在吃完点心或午餐后，应有一段休息时间；在户外时间结束后，应有一段静下来的时间；在集体活动开始时，安排唱歌或看书，如此孩子较易安定下来。5）每天课程结束前，安排一些较特别的活动。比如唱一些喜欢的歌，这样可以使每个学前儿童带着愉快的心情回家。6）在每天开始和回家时，应给每个学前儿童彼此问好及说再见的机会。7）每天的作息应固定且有顺序，固定的作息可给予学前儿童安全感。8）作息要安排学习新技巧及练习旧技巧的机会。要把过去学习的内容，通过作息时间加以复习。9）活动的安排须顾及各类型活动间的均衡。应有教师及学前儿童主导的活动、学前儿童单独的活动，应有结构时间及非结构时间。10）作息应安排有集体活动、小组及个别活动的时间。11）每天的作息安排须顾及学习领域间的均衡。例如，每天的作息均应顾及语言、生活自理、认知、情绪及动作等领域，并安排美劳、音乐、感官经验、科学、数学、建构（如盖房子）、戏剧及动作等经验到一日的活动中。12）作息的安排及课程能够反映出教学理念。例如，当教学理念为主动学习及从游戏中学习时，教室中就可安排玩具的操作，并安排学习区，在教学活动中给予学前儿童主动参与的机会，而不是被动地倾听教师的讲解；如果教学理念较重视音乐，可在每天的作息中播放较多的音乐。

（2）区域活动时间安排。

下面就区域活动的时间安排来举例说明合理安排时间的问题。

1）区域游戏时间。

区域游戏时间，是学前儿童互动的最佳时段，学前儿童可进行教师安排的活动，亦可进行自己喜欢的活动，每个角落可以配合单元主题，亦可不配合。区域活动的特点为：

第一，每个学前儿童有自己的计划。第二，每个学前儿童须把自己玩过的东西清理归位。第三，教师可在区域内观察每个学前儿童做的东西。第四，教师可和学前儿童谈谈他们的东西，并延伸其想法。第五，可记录每个学前儿童在区域时间中做了些什么。第六，记录学前儿童间的互动。

2）评析时间。

回忆计划时间和区域时间的内容是否符合。回忆去了哪一个区域（区域名称），做了些什么，或将区域的内容用动作（画、唱）表现出来。展示成果及评估是否可以做得更好。以小组形态呈现。

（3）集体活动时间。

这是一天的开始，活动内容可以每天都不同，或是每星期都不同，教师可以在此时段提供建议及解决问题的方法。建议在此时段准备充分的活动，可以和学习经验配合，问问学前儿童对活动的意见，也可以和区域或小组内容结合。

（4）过渡时间。

过渡时间是指介于动与静的活动中间，或是一个活动到另一个活动的空当。可以选一个地方作为活动间的转接站。比如，吃完点心的学前儿童可以到图书角看书。

（5）收拾时间。

让学前儿童玩完玩具后，知道如何将玩具放回架上。

（6）点心时间。

这是学前儿童互动、分享食物、训练喂食及生活自理的最佳时间。

（7）计划时间。

先分组，再计划时间。可以小组形态进行，介绍新的材料，或介绍在区域可做些什么。

（8）户外时间。

以大动作活动为主，也可进行户外建构或装扮游戏。

一日活动中很多活动都十分微小，教师需要重视这些微小的教育契机。其实，教育从不缺乏机会，只是缺乏发现的眼睛。如果每位教师都可以用其智慧发现契机，将学前儿童心理健康的教育融于一日活动之中，则时时是机会，处处皆教育。比如，玩游戏的时候，学前儿童最易发生争抢，教师应顺势引导，让学前儿童知道如何分享，如何协调共处。再如，喝水的时候，学前儿童常有排队问题出现，这是教育学前儿童遵守规则的最佳时期。

3. 设计合适的课程

（1）合适课程的条件。

所谓合适的课程，是指符合下列条件的课程：

1）课程的目标应融入所有的日常教学活动中，融入有意义的活动中。2）课程的计划依据教师在自然情景中观察到学前儿童的互动而定。3）鼓励学前儿童间及学前儿童与成人的互动。4）教学活动及材料是具体的，并且和学前儿童的生活相关。5）符合不同程度的学前儿童的需要。6）可随着学前儿童的水平，增加课程的难度。7）鼓励学前儿童参与，通过提供选择、建议、提问及描述，让学前儿童愿意主动地参与教学活动。8）接受学前儿童间性别及家庭背景的差异，并依此设计课程。9）每天应安排户外活动课程，并事先做好计划。

（2）课程的选择。

在了解什么是合适的课程后，我们可以从以下几个方面来选择课程：

1）列出教学活动目标，以作为评估进步的指标。2）列出适用的对象及教学形态（如适合在集体教还是在小组教）。3）有理论架构，依据某种学派提出的理念及教学方法。

有完整的教学目标，可以用来评估孩子的起点，兼顾横向及纵向的发展，涵盖不只一个年龄层（纵向），且包含该年龄层应该要学的内容（横向）。安排跨不同领域的活动，比如一个活动同时包含认知及动作领域的目标。

（3）课程设计的原则。

在设计课程之前，首先要了解教师自身的教育哲学及理念，以及这些理念是否符合学前儿童心理发展水平，是否能促进他们的心理健康。一般来说，设计课程时应注意以下几个方面：

1）课程应注重增进学前儿童各项能力的发展，且应包含至少五大领域——认知、语言、动作、生活自理及社会情绪。2）课程的安排必须和学前儿童的生活相关且意义，同时要适合教学的情境，即是功能性课程。例如，在吃点心时，可以让学前儿童数一数每桌有几位小朋友。学习必须能引起学前儿童的动机，这样才能长久。日常生活中的事物并非依科目或领域呈现，而是需要学前儿童应用有系统的知识来解决问题。因此，如何将杂乱无章的信息有组织地通过单元来传递，并配合实际的情况来教，对学前儿童非常重要。单元或主题的教学有助于学前儿童的学习，倘若辅以适当的情境则效果更好。比如，介绍端午节，若配合粽子的制作及节令介绍则更传神。3）课程设计必须符合学前儿童的年龄、兴趣及能力。4）课程设计应符合学前儿童的需要，教师要具备同时安排不同难度课程的能力，因此活动的安排必须有弹性，要在同一活动中安排不同难度及种类的学习经验，以符合小组中不同能力的学前儿童的需求。5）教学内容应尽量完整及正确，虽然学前儿童年纪尚小，但仍应介绍较完整的知识，以便学前儿童充分理解概念。例如，音乐课不只是唱唱童谣，还应介绍各种乐器，以便使学前儿童了解什么是旋律及音调的特性。同样，在学习语言时，也可安排和语言相关的活动，如读童诗、唱儿歌、学前儿童文学赏析、阅读报纸等。在安排活动时，应考虑学前儿童学习的极限，过难或不适合学前儿童年龄的活动，应当避免。6）让学前儿童主动地学习，并从做中学。新的概念必须通过具体的方式来让学前儿童了解，当学前儿童充分体验后，才能进入抽象思考的境界。7）安排社会互动课程，让班上的成员有互动的机会。8）为了让学前儿童有自主及胜任的感觉，课程的难易程度应适中，既要兼顾挑战性，又要减少学前儿童的挫折感。9）课程应该能给学前儿童心理及生理的安全感。

除以上这些之外，值得注意的是，虽然课程的设计有一些原则，但课程应该是有弹性的，并不能完全按照某种规则或条例来进行。教师还需要依据实际情况加以调整，因材施教、因地制宜。没有任何原则或课程是万能的，教师需要用自己的智慧去选择、设置符合自己班级学前儿童特点的课程。

（4）以健康领域课程为主导。

学前儿童健康的教育，还需主要以健康领域的课程为主导来进行和展开。健康领域中蕴含的知识能最直接、直观地促进学前儿童的健康，其他领域的课程也需要健康领域的主导。在健康领域中，学前儿童的身心健康需要并重。而在普遍的教育中，身体的健康往往受到更大的重视，学前儿童的心理健康更易被忽略，即便教师有关注学前儿童心理健康的意识，往往也不知道从何着手。下面列举两个健康领域的课程教案。

【案例一：中班健康活动】　　　　“小熊不可以”

一、设计思路

学前儿童很喜欢小动物，把小动物们当成是自己的朋友或是榜样。小熊在学前儿童的眼中是很可爱的形象，让学前儿童帮助小熊一起纠正错误行为，也能够让学前儿童认识到自身的行为问题，这也是在不断提升自己的过程。让学前儿童对小熊勇敢表达自己的话，能培养学前儿童的对话能力，同时也能使他们从中体会到帮助他人的乐趣。让学前儿童在几张图片中，看出应该注意的安全问题，在潜移默化中将安全知识和做法渗透入学前儿童的意识。基于绘本《大卫，不可以》的启发，设计了本活动。

二、活动目标

1. 能分辨小熊行为的错误

2. 乐于表达对小熊说的话，体验帮助小熊的快乐

三、活动准备

1. 小熊错误行为的三张图片

2. 录音（以小熊的口吻）：“嗯，我知道了，下次我会听话的。谢谢你！”

四、活动过程

（一）活动导入

教师：“前些天我们一起给小熊搬家，帮助小熊布置他的房间。今天，小熊在家里又发生了什么故事呢？我们去看看好不好？”

（二）活动过程

1. 图片展示与分析

(1) 小熊吃蛋糕吃得到处都是。

教师提问：“小熊在做什么？他吃蛋糕的样子好不好？为什么好？哪里不好？”

教师小结：“小熊开心地吃着蛋糕，但是却没有注意到，蛋糕吃得满脸、满桌子都是。等下妈妈要来收拾的时候，会很辛苦。你们帮忙劝劝小熊，他应该怎么做啊？你要对小熊说什么？”

（学前儿童回答）

学前儿童回答后教师放小熊说话的录音，对学前儿童进行鼓励。

(2) 小熊爬上树。

教师提问：“小熊吃饱了蛋糕，去外面玩，看看小熊去哪里玩了？”

“小熊在树上玩危险吗？熊宝宝那么小，可以爬到树上玩吗？”

教师小结：“小熊宝宝那么小，自己出去玩爬到那么高的树上很危险，你要对小熊说什么？”

（学前儿童回答）

学前儿童回答后教师放小熊说话的录音，对学前儿童进行鼓励。

(3) 小熊在床上跳。

教师提问：“到了晚上，熊妈妈让小熊好好睡觉，可是小熊在干什么呢？”

“小熊这么做对吗？”

教师小结：“要到睡觉的时候，小熊还在床上蹦蹦跳跳不好好睡觉。想一想，现在，你要对他说什么呢？”

（学前儿童回答）

学前儿童回答后教师放小熊说话的录音，对学前儿童进行鼓励。

2. 联系学前儿童生活经验

教师提问：“我们宝宝在平时的生活中会不会发生像小熊这样的情况呢？”

（三）活动总结

教师：“今天，宝宝们教会了小熊好多本领，我们慢慢也要变成哥哥姐姐，我们生活中可不能像小熊一样了，我们还要帮助不懂事的小弟弟小妹妹呢。”

五、延伸活动

向图书角中投放图书《大卫，不可以》，让学前儿童联系学习小熊的经验来进行此绘本的阅读。

【教案分析】此案例中将生活中不好的行为投射到小熊这一卡通人物身上，将生活性与趣味性进行结合，易引发学前儿童的兴趣。延伸到绘本的阅读，在健康领域之外还拓展了学前儿童的阅读兴趣。

【案例二：中班健康活动】 “我是男孩子，我是女孩子”

一、设计思路

中班的学前儿童已经开始分化性别意识，对于男孩女孩的身体区别开始逐渐有探索的好奇心。了解男孩女孩的差异，学会适当的自我保护，对于学前儿童无论是身体还是心理都将有益处。

二、活动目标

1. 观察并认识到男女之间是有差别的

2. 认识到自己的性别并学会适当的自我保护

三、活动准备

Flash 动画、男孩和女孩的照片若干。

四、活动过程

（一）提问导入

教师提问：“宝宝们知道自己是男孩子还是女孩子吗？你们是怎么知道的？”

（二）观察图片，了解男孩女孩的差别

1. 性别判断

向学前儿童展示不同男孩、女孩的照片，让学前儿童判断照片上的是男孩还是女孩。

2. 归类分组

让学前儿童把照片按照性别分为男女两组。

3. 寻找差异

引导讨论：男女之间有什么差别？你们是怎么辨别的？

4. 联系生活

教师提问：“在生活中，有哪些事情男孩和女孩是要区分开、不同的？”

比如，如厕、梳头发、穿衣等。

5. 初步意识自我防卫

教师播放 Flash 动画，内容为一个小女孩，上下各用几个三角遮住关键的地方，并配音“不可以碰我的这些地方哦”。

（三）活动总结

教师：“我们知道怎么区别男孩女孩，也知道怎么保护自己。大家可以回去继续在生活中寻找看看，还有什么活动男孩子和女孩子是不同的。”

【教案分析】与性相关的教育在中国一直是教师们避忌的问题，即便有些教师有教育的意识，也不易操作和尝试。真正的安全教育不是闭口不谈，而是要让学前儿童懂得保护自己。在本教案中，教师联系学前儿童的生活实际，加以卡通人物动画，从学前儿童的经验出发并进行提升。

(5) 重视不同领域间的相互渗透。

学前儿童心理健康教育在以健康领域为主导的课程下，也离不开各个领域课程的整合。在倡导五大领域整合的教育背景下，学前儿童心理健康教育自然也不例外。学前儿童中心论的思想、后现代课程观及脑科学的研究都为课程整合提供了强大的理论支持。但与健康教育课程的整合绝不仅是单纯的生搬硬套、简单的领域叠加，其核心是构建适宜的课程，各个领域间取长补短、相互渗透。

下面将从语言、艺术、社会和科学四个领域列举整合健康教育的课程案例。

1) 语言领域。

【案例一：小班语言活动】 **"猫头鹰妈妈"**

一、设计思路

小班学前儿童对妈妈的依恋感比较强烈，对于与妈妈的分离还是会有一些心理的不安。猫头鹰妈妈的绘本故事恰如其分地表现了孩子与妈妈分离时焦虑的心声。学前儿童对绘本故事是十分感兴趣的。通过故事更易于帮助学前儿童缓解分离焦虑。

二、活动目标

1. 体验猫头鹰宝宝与妈妈分离时的焦虑感受
2. 勇敢表达对妈妈的爱，大胆想象妈妈在分离团聚后要对自己说的话

三、活动准备

1.《猫头鹰妈妈》的绘本故事
2. 猫头鹰的图片

四、活动过程

(一) 活动引入

1. 呈现猫头鹰的图片

教师：提问学前儿童图片上是什么动物，做简单介绍，带领大家认识猫头鹰。

2. 引出猫头鹰一家

小结："猫头鹰专门在天黑了之后出来找食物，我们看看天黑了之后猫头鹰一家发生了什么故事。"

(二) 故事讲解（翻看绘本图书）

1. 讲解前半部分的故事情节

教师：讲解猫头鹰一家的故事，生动形象，尽量让学前儿童体会到猫头鹰宝宝与母亲分离时的焦虑。

2. 猜测故事结局

教师："接下来会发生什么故事呢？妈妈会回来吗？"

（让学前儿童自由猜测故事结局、进行表达）

(三) 团聚之后的对话

教师："妈妈找到食物之后回来了。大家想一想猫头鹰宝宝会对妈妈说什么，妈妈又会对宝宝们说什么呢？"

小结：猫头鹰宝宝说："妈妈我爱你！"

（四）活动总结

教师："妈妈只是出去找食物，就像我们的妈妈一样，只是去上班了，不会离开我们的宝宝，会回来接宝宝的。等见到妈妈的时候，要记得对妈妈说：'我爱你，妈妈！'"

五、活动延伸

可以购买绘本，投放到图书角，让学前儿童在区角活动的时候看这本书。

绘本故事要点

从前，有三只猫头鹰宝宝：莎拉、波西和比尔。他们和妈妈一起住在一个树洞里。洞里铺着树枝、叶子和羽毛。那儿是他们的家。

一天夜里，小猫头鹰们醒来，发现他们的妈妈不见了。

"妈妈哪儿去了？"莎拉问。

"我的天啊！"波西说。

"我要妈妈！"比尔嚷嚷。

小宝宝们想（所有的猫头鹰都爱瞎想）——

"我猜她是去打猎了。"莎拉说。

"是去给我们找吃的了！"波西说。

"我要妈妈！"比尔嚷嚷。

但是猫头鹰妈妈没有回来。猫头鹰宝宝们从洞里出来，坐在树上等她。

莎拉坐在一根很粗的树枝上，

波西坐在一根细细的树枝上，

比尔坐在一条老常春藤上。

"她会回来的。"莎拉说。

"马上就会回来！"波西说。

"我要妈妈！"比尔嚷嚷。

他们坐在那儿想（所有的猫头鹰都爱瞎想）——

"我觉得我们应该都坐到一起来。"莎拉说。

于是，他们三个就坐一块儿去了。

她终于回来了。

她无声无息地穿过树丛，向莎拉、波西和比尔飞来。

"有什么好大惊小怪的呀？"

他们的猫头鹰妈妈说，

"你们知道我会回来的。"

猫头鹰宝宝们想了想（所有的猫头鹰都爱瞎想）——

“我知道呀！”莎拉说。

“我也知道！”波西说。

“我爱你妈妈！”比尔嚷嚷。

【教案分析】这是一本感人的绘本，也是一个感人的故事。里面的小猫头鹰期待妈妈归来就如小班学前儿童白天盼着妈妈来接自己回家的心情一样，一样焦虑，一样不安。在故事中，孩子们看到了他们自己。这是一个语言活动，但却不单单是一个语言活动。这是一本充满爱的书，这是一节充满爱的课，对于学前儿童缓解分离焦虑、表达对妈妈的爱有所帮助。

【案例二：大班语言活动】　　“冬夜的故事”

一、设计思路

《一个冬夜》是一个关于小动物们在寒冷的冬日里分享食物、互相帮助的故事，很多可爱小动物的形象符合学前儿童的童真童趣。大班学前儿童已经基本有了合作、分享的意识，也能够理解较为复杂的故事情节和内容。《一个冬夜》的故事包含语言、科学等领域的知识，情节波折有趣，符合大班学前儿童的年龄水平和好奇心。

二、活动目标

1. 理解、喜欢《一个冬夜》的故事情节

2. 领会故事中朋友之间的感情，并愿意和其他小朋友分享自己的东西

三、活动准备

1.《一个冬夜》故事绘本

2. 温暖的配乐

3. 每个小朋友一盒水果，各自的品种不同

四、活动过程

（一）故事引入

教师：“冬天了，天气很冷很冷，森林里积了很厚很厚的雪。嘘，安静！森林里好像有小动物们说话的声音，我们一起去看看发生了什么事儿。”

（二）配乐讲故事：《一个冬夜》

（三）故事回顾

教师提问：“故事里有几个小动物？”

“冬天小动物们都遇到了什么困难呢？”

“都有哪几个小动物帮助了小獾呢？”

“如果是你，你会这么做吗？”

教师总结：“小动物们互相帮助，一起度过寒冷的冬天。好朋友之间要互相帮助，一起分享好东西，才能一起渡过难关。”

（四）分享游戏

让学前儿童每人拿一盒水果，进行分享游戏，可以和其他好朋友交换不同种类的水果。

五、活动延伸

将绘本书放在图书角中，供学前儿童继续阅读。

【教案分析】真正看过此绘本的人一定知道这是一个很感人的故事，小动物们之间的情感简单却真挚，在困难的时候愿意向别人伸出援手。学习此绘本，可以让学前儿童的心灵中多一些单纯而幸福的种子，让学前儿童相信朋友之间的感情，体验分享的快乐。

2）艺术领域。

【案例：大班艺术活动】　　“我要上小学了”

一、活动目标

1. 能够画出并勇敢地表达自己进入小学所担心的事情

2. 增加对小学生活的期待

二、活动准备

1. 参观过小学的已有经验

2. 纸、画笔

3. 小学生丰富多彩的学习生活录像

三、活动过程

（一）经验回顾

教师提问：“我们之前参观过小学，大家来说一说你们觉得小学是什么样子的？”

（二）活动经过

1. 绘画自己的烦恼

教师引导：“快要进入小学了，宝贝们想一想，上小学有什么让你们不开心的事情呢？或者你们有什么担心的事情呢？把我们担心在小学里发生的事情画下来。”

2. 描述图画并表达担忧

（1）引导学前儿童描述自己的画，让学前儿童自由地表达上小学他们最担心的事情。

（2）教师小结：“大家有这样那样的担心，上小学要看书、要做作业、要遵守纪律，这么多问题，到底该怎么办呢？”

（3）与学前儿童一起商讨解决问题的办法。

3. 期待小学生活

（1）教师引导：“我们刚才商量了那么多好方法来克服我们进入小学的困难，那我们一起来看看哥哥姐姐们在小学里开心的事情好不好？”

（2）播放小学快乐生活的录像、图片。

（三）活动总结

教师：“看到哥哥姐姐们在小学里这么开心，我们也商量了很多解决问题的好方法，那我们这段时间要好好准备，过几个月就开开心心地和哥哥姐姐们一起上小学喽！”

四、活动拓展

将小学里的一些学习、生活的图片投放入区角活动或环境布置中。

【教案分析】大班学前儿童对于入小学有担忧是常常会发生的事，绘画是一种让学前儿童宣泄自己负面情绪很好的方式。将自己的恐惧或者担心画下来，使负面情绪得到宣泄才有助于学前儿童的心理健康。本案例中不仅让学前儿童画出自己的担心，并且让他们进行表达并探索解决方法，增加了学前儿童的心理安全感，让大班学前儿童对小学生活怀有期待。

3）社会领域。

【案例：小班社会活动】 **“冬天里的小主人”**

一、活动目标

1. 学会用简单的礼貌用语招待他人，愿意表达自己对他人的关心
2. 知道冬天有人来做客应该如何招待、照顾对方，知道对待客人要热情、有礼貌

二、活动准备

1. 儿歌：小主人
2. 图片：小弟弟小妹妹来家里做客的图片
3. 布置桌椅，摆放成类似于家里的样子

三、活动过程

（一）教师导入

教师提问：“冬天到了，天气很冷，现在周末的时候会不会有客人到你们家里做客呢？你平时都是如何招待人家的呢？”

（二）活动过程

1. 放 Flash，学习儿歌，引入主题

家中门铃叮咚响，小小客人到我家。
你好你好快请进，我请客人快坐下。
找来玩具让他玩，拿出糖果招待他。
两人一起做游戏，大家乐得笑哈哈。
我做主人有礼貌，爸爸妈妈把我夸。

2. 展示图片，讲述故事情景

教师：“今天阿姨带着小弟弟小妹妹来到我们家里做客了，冬天天气很冷，我们要怎么样招待他们呢？”

3. 角色游戏：扮演小主人、小客人

请几组小朋友扮演小主人和小客人，指导学前儿童做一名有礼貌的小主人或小客人，指导学前儿童使用礼貌用语。

4. 游戏讨论

小客人应该对小主人说什么呢？
小主人应该对小客人说些什么呢？
冬天这么冷，我们应该怎样招待客人？
客人要走了，主人对客人说些什么？

5. 活动总结

教师：“我们应该照顾比我们小的孩子。冬天别人来家里我们要用热热的、可以暖和

的东西来招呼别人，也要说关心别人的话。你们今天一定学了很多懂礼貌的话，回家可以说给爸爸妈妈听，我们要做懂礼貌的好宝宝。”

四、活动延伸

鼓励学前儿童在家里来客人的时候关心客人、招待客人。

【教案分析】小班学前儿童刚刚开始学习礼貌用语，还没有建立起如何关心他人的概念。此活动简单可行，适合在冬日里与学前儿童进行游戏互动。情景符合生活中的真实情况，学前儿童经常会遇到家中有人做客的情况，掌握这些礼貌用语有助于学前儿童与他人建立起良好的关系，减轻学前儿童对于陌生客人的焦虑感。

4）科学领域。

【案例：小班科学活动】　　“幼儿园里的路线”

一、设计思路

幼儿园是孩子们每天最为熟悉的地方，孩子们一起游戏、学习。自己班级的教室通常是孩子们接触最多的地方，但对于教室外其他附近的地方孩子们并不是十分了解。有些地方孩子们如果不小心误闯会发生危险。小班学前儿童在入园一段时间之后，可以对幼儿园进行更加深入的了解，如幼儿园一些场所的安全常识等。通过对幼儿园一层的参观，加深学前儿童对幼儿园的了解以及对一些不安全场所的认知，增加学前儿童对于环境的熟悉度和安全感。

二、活动目标

1. 熟悉幼儿园一层的构造，了解哪里不能去，并知晓原因

2. 体验与老师一起参观一层幼儿园的乐趣

三、活动准备

拍摄一楼设施、房间、教室的图片。

四、活动过程

（一）活动引入

教师：“宝宝们，今天天气很好，我们一起去幼儿园里、花园里散散步，晒晒太阳，去我们这一层楼参观参观好不好？老师今天是兔妈妈，你们是兔宝宝，今天你们要乖乖地跟着我，不要走丢哦。”

（二）参观一楼

教师带领学前儿童慢慢走过一楼的走廊，遇到一些需要注意安全、不可随便进入的地方停下提问，并进行实地讲解。

1. 走到厨房间

提问1：这里我们兔宝宝们平时可以进去吗？

提问2：为什么不可以？

小结：我们宝宝平时不可以进厨房间，厨房间是老师们做饭给宝宝们吃的地方，如果乱闯进去，可能会被烫伤，一定不能进去。

2. 走到教师洗手间

提问：这里平时我们可以进去吗？

小结：对，平时我们不可以进这里，这是老师们上厕所的地方，宝宝们上厕所的地方在教室里。

3. 走到办公室

提问1：这里平时我们可以进去吗？

提问2：这里是做什么的？

小结：这里是老师们工作、处理事情的地方，小宝宝们不能进来哦。

4. 走到卫生室

提问：这里是什么地方？是做什么用的？

小结：这里是卫生室，是给我们小宝宝们检查身体的地方，平时我们有不舒服的时候去那里找医生老师给我们检查身体，但是我们宝宝们要先告诉老师，在老师的陪伴下一起去。

5. 走到门房间

提问：这里是做什么的地方？

小结：这是保安叔叔的办公室，平时我们宝宝不要单独去那里哦。

（三）返回教室，经验回顾总结

为学前儿童出示已拍摄好的图片，让学前儿童指认这些地方是哪里，并让学前儿童回顾刚才参观的时候指出的每个地方的安全要点。

五、活动延伸

可以有时间再组织去参观幼儿园的一层外围环境，学习安全要点。

【教案分析】成人如果到了陌生不熟悉的环境都很容易产生焦虑情绪，更不用说刚刚进入幼儿园的小班宝宝。让学前儿童参观幼儿园，寻找平时自己的路线，可以加深学前儿童对幼儿园的了解帮助学前儿童保护自己的身体健康，增加其心理安全。帮助小班学前儿童尽快缓解入园焦虑一直是让教师们头疼、努力攻克的问题。而熟悉幼儿园的环境，是增加学前儿童入园安全感的第一步。

（6）课程式评估的优点。

对课程应辅以课程式的评估，课程式的评估具有下列优点：1）可用来检视孩子的进步。2）反映平时教学的内容。3）其评估项目按年龄或按一定的顺序排列。4）适合不同种类及程度的残障学前儿童。5）教学项目具有功能性及评估性。6）可信度高。7）可作为班级的评价，以了解学前儿童是否有进步。

4. 重视家园共育

家园共育是学前儿童心理健康教育的重要内容。在日常的家长工作中，教师们往往更加重视事务性的通知等，更关注学前儿童在园情况，重视家长的支持。虽然这些必要的通知、沟通等工作有助于幼儿园教育的顺利开展，但我们应当自问，究竟有多少内容能够深深地走入家长的内心？这里所说的家园共育，强调重视学前儿童心理健康的家园共育，绝不是流于形式的。

学前儿童的心理健康与家长的心理健康息息相关，想要达到学前儿童真正的、有长远发展意义的心理健康状态，我们必须在关注学前儿童心灵的同时启迪家长。当今社会，有太多的家长由于自身的工作压力、婚姻状况等常常易产生大量消极的、负面的情绪，而这种情绪又极易传染给学前儿童，影响学前儿童的心理健康。学前儿童除在园时间外，最多的时间都是与家庭主要成员一起度过的，其家庭成员的心理健康尤为重要。所以，在关注学前儿童心理健康、为学前儿童制订合适的方案之余，教育者们需要关注家园合作，关注家长的育儿观念及家长的心理健康。当然，家长工作的收效绝非在一朝一夕，但值得坚信的是，现在家长十分重视学前儿童的身心健康，如果能够使其深刻明白家园合作的重要性、家长对学前儿童的影响作用，能够取得家长们的支持与配合，教师在学前儿童心理健康的教育上也能事半功倍。

(1) 家园合作的媒介。

家长工作想要落到实处，深深地刻入每位家长的心灵，需要在媒介上有所突破，利用起一切可以利用的资源。教师可以通过问卷、视频、电影、书籍、防灾演习、运动会等媒介进行家长工作。

(2) 家园共育的形式与方法。

关于家长工作，下面将提供一些不同于以往的创新性的形式与方法：

1) 问卷调查。只有深入了解家长在育儿过程中的困惑，才能对症下药地解决问题。所以，教师可以根据自己班级的情况，在每学期初进行一次问卷调查，设置一些平日学前儿童家长们最易担心的问题，检测自己班级学前儿童家长在各问题上担忧发生的频率。针对频率出现较高的问题，在一学期中进行有针对性的解决。

2) 经验分享会。

设计目的：不同家长在教育子女的问题上有不同的困惑，分享会能够深入了解家长的育儿困惑，收集家庭教育中有效的小妙招，给家长提供一个分享交流、共同探讨和丰富自己育儿方法的平台。教师也可以推荐育儿方面比较好的书籍，使家长的育儿理论更加科学和专业。

预期效果：家长能够说出自己的育儿困惑，聆听其他家长对于类似问题的处理经验，丰富自己的育儿知识。家长们能够相互学习，以更好地解决育儿问题，也能够从教师推荐的书籍中学习到科学的育儿知识。

具体形式：家长座谈分享会，书籍推荐。

主要内容：

以班级或者年级为单位，组织家长展开座谈分享会，请家长自由发言，提出各自在育儿方面“最头疼”的问题，然后进行沟通和讨论。

在每位家长提出问题之后，请其他家长帮助，看看类似的问题有没有解决的好方法、好妙招。

在沟通讨论结束后，教师进行总结。

活动要点：教师尽量全程不加入自己的观点和看法，让家长自由、自主地探讨和交流。深度地挖掘家长内心的育儿困惑，认真聆听家长们育儿的小妙招。教师须全程认真做好记录，以便后期对一些家长进行反馈调查，查看家长们是否尝试了学习到的新方法，新方法是否有效，对不同孩子的家庭教育效果进行对比研究等。适宜在学期前半段展开此项活动。在此之前，教师需要准备一些家长可能会提出的问题，写出自己认为比较好的方法。也尽量寻找一些科学的育儿书籍推荐给家长。

3）亲子运动会。

设计目的：现在很多家长非常忙，可能很少有时间和孩子共同游戏。让家长与孩子共同游戏，可使家长体会保护孩子、与孩子合作的感觉，能改善亲子关系，使家长和宝宝的关系更亲密。

预期效果：让家长在游戏中体验童年的乐趣，思考自己和宝宝的关系，在游戏中努力保护自己的孩子，让学前儿童和家长体验相互的心理安全和游戏的愉快情绪。

具体形式：亲子同乐会也可以是运动会的形式，主要以各种游戏为主。

【示例一】活动——“哪个是你的宝宝”

操作方法：

以班级为单位，请家长分成十人一组，蒙上眼睛去拥抱十个孩子，不允许孩子和家长发出声音。看看家长能否认出自己的孩子。

设计目的：

现代社会家长的工作十分繁忙，在孩子们需要安全感、需要拥抱的时候，家长们是否能够带给孩子足够的安全感，能否在繁忙的工作之后体会这最最亲密的感觉？我们需要引发家长的深刻思考，让家长们意识到自己到底多久没有好好抱抱自己的孩子了？与孩子们拥抱的感觉是否还熟悉？

预期效果：

唤醒家长们对亲子亲密关系的重视，多给予孩子一些拥抱和安全感。

【示例二】活动——“站到最后才是赢家”

操作方法：

以班级为单位，在地上用绳子摆几个不同的圈，每位家长和自己的孩子为一组，先选择站在其中的一个圈里，游戏开始后老师慢慢抽掉绳子，剩下的圈越来越少，家长可以带孩子跳到左右相邻的圈中。最终还能站在最后一个圈中的家长和孩子胜利，可给予奖品以鼓励。

设计目的：

如何使自己和孩子最终还在圈中，这需要其他家长合作，也需要家长去保护自己的孩子，让家长体验危机意识以及合作和共同游戏的快乐。

预期效果：

家长与学前儿童共同体验合作游戏的快乐，在过程中生成保护学前儿童的策略，增进亲子间快乐的体验。

【示例三】活动——“远离瘟神”

操作方法：

找个男老师站在一个中间的小绳圈中，扮成坏人瘟神。几个家长带着自己的孩子站在外边的大绳圈上（见图 5－1），家长和孩子手里握住绳子。游戏开始之后，老师开始抓小朋友，但是不能出自己的小绳圈。家长要用力向自己的方向拉绳子，让老师抓不到自己的孩子。孩子被抓到后给予其家长惩罚。

示意图说明：

图 5-1

(1) 扮演瘟神的教师站在中间的小圈内；

(2) 家长们带着孩子站在外面的圈上，如图三角位置；

(3) 大小圈代表摆放在地下的绳圈。

设计目的：

让家长体验保护自己孩子的心理，让家长知道在这个游戏中如果孩子被抓到在某种程度上属于自己的过失，将会被惩罚，也让家长有危机的体验。

预期效果：

家长在过程中体验保护孩子的心情及合作游戏的乐趣。

4）电影分享。

设计目的：当今社会，帮助人树立正确人生信念的优秀的亲子教育影片很多。家长在繁重的工作之后也需要积攒更多的正能量，树立正确的人生信念和价值观，这样才能更好地教育子女。试想心理不健康不快乐的家长怎能培养出健康快乐的宝宝呢？而观看一些充满正能量的电影，对于家长来说是一种相对便捷的途径，也能够起到打动家长的作用，让家长从优秀的作品中吸收正能量，使自己的内心更加丰富健康，从而感染学前儿童。

预期效果：家长在一系列的自我提升之后，能够缓解心理压力，提升幸福感，并且把快乐的情绪带入亲子关系中，保障学前儿童的心理安全。

【示例】 影片《当幸福来敲门》

这是一部充满正能量的电影，片中的主人公在各种窘迫的境地中都能够带着自己的孩子一起努力克服困难。教师可以向家长推荐，家长有条件的话可以在看后写一段话或者和教师进行交流，教师对家长的反馈进行记录。教师也可以在家长会的时候播放一些有意义的片段来和家长进行讨论。这也可以使家长会变得更加生动立体。有时候，带给家长的不一定是一堆条条框框的规矩，哪怕带给家长一点点心灵的触动，也许能够使他们回味弥久。

5）书籍分享。

教师可以选取一些与育儿相关或者与人的积极心理塑造相关的书籍，帮助家长们提升主观幸福感，做快乐爸爸、快乐妈妈。例如，哈佛大学的幸福课程、相关的书籍可以推荐或者提供给家长们传阅。家长可在看书之后进行简要的交流，探讨心态的改变等等。

6）探讨亲子关系。

这里所提到的探讨亲子关系不是最常规的放学之后与家长进行简单的聊天，而是利用一些可以震撼家长心灵的形式来进行展现，尽量带给家长最直接最深入的思考。

形式一：情景剧表演。

设计目的：有些家长可能对生活中的一些安全问题不是十分的重视，或者对一些危险情况下的固有做法存在认知错误，又或者对孩子的心声并不是十分的在乎。本设计主要希望家长能通过直观的形式了解一些安全问题，以及遇到一些危险时的正确做法，也希望通过一些如话外音的形式来反映孩子的心声。

预期效果：给家长最直观的视觉冲击，让家长开始重视生活中的安全问题，看到生活中一些错误的做法后开始关注孩子的安全，并试图了解孩子的心声。

操作方法：在大型家长会的时候请学前儿童与教师共同表演一些日常的情景剧，引发家长的深思。

【示例一】妈妈，电脑渴了

请教师和学前儿童扮成母子。

情景：妈妈打开电脑之后，电话铃响了，妈妈去外面接电话。接了很久，孩子在屋子里玩，来到电脑旁边，发现电脑很热。于是，他把满满一杯水倒在了电脑上。妈妈回来看到后狠狠地打骂了孩子一顿。孩子很无辜。

配合话外音：

孩子："妈妈，不要打我，我只是觉得电脑好热好热，它一定是发烧了。我发烧的时候，您总是给我喝水，我想学妈妈一样，给电脑退烧啊。妈妈，我做错了吗？"

教师："你的孩子真的做错了吗？你是否也曾在生活中出现类似情景的时候误解了孩子？"

【示例二】妈妈，请不要松开我的手

请一位男教师扮成坏人，一位女教师扮成妈妈，一位学前儿童扮演孩子。

情景：在逛街的时候，妈妈看到了一件漂亮的衣服，想要去试一下。于是，就告诉自己的孩子在门口等自己，马上就回来。孩子便在店里闲逛等妈妈，这时，孩子被坏人掳走。妈妈出来后看到孩子不在，撕心裂肺地哭泣。

配合话外音：

孩子："妈妈，请不要松开我的手，我害怕再也见不到您。"

妈妈："宝宝，你在哪里？妈妈再也不要离开你一步，你回来吧。"

教师总结："您和孩子逛街或者出去的时候是否发生过类似的情景呢？无论在任何情境下，不要轻易松开孩子的手，因为我们不知道，一松手等待我们的是什么，是否是我们生命中能够承受的重量。"

形式二：生活场景回顾。

生活中常常有很多家庭教育问题发生，家长们并没有认识到一些错误的教育做法引发的严重性后果。希望能够通过在家长会等大型场合带领家长们回顾生活中的一些错误教育场景，引发家长对自身的反思。

活动要点：教师尽量不要带入太多的主观色彩，活动主要为了引发家长的深度思考；讲述时需要带入感情，尽量使家长有内心深处的触动。

【示例一】妈妈，这里好黑，我害怕

讲述生活情景：

孩子今天把妈妈的重要工作材料弄脏了，妈妈非常生气，把孩子关到一个小黑房间里，让他自己去思过。孩子在里面非常非常害怕，不论怎么喊叫妈妈都不理他。

提问：您是否曾经遇到过这样的情况？是否有家长这样处理过？

教师总结：请每一位家长想一想自己的小时候，自己的曾经。谁在小的时候没犯过错呢？孩子们很怕孤单很怕黑，请别让他一个人。把孩子单独“关禁闭”，无论从心理还是生理上，都会对孩子造成很大的伤害。

【示例二】爸爸，您能陪我玩一会儿火车吗？

讲述生活情景：

天很黑了，爸爸才回家，宝宝在玩火车，想要爸爸陪，去拉爸爸的手。爸爸把儿子推开，和儿子说“爸爸很累了，还有工作，你自己玩儿一会儿就睡吧。爸爸改天再陪你玩儿”，于是就进了书房。儿子很失落地站在书房的门口，很久很久。

提问：忙碌的爸爸妈妈们，您每天能有多长时间真心开心地陪伴孩子玩耍呢？

教师总结：也许您的孩子一直在期待着爸爸妈妈口中所说的“改天”的到来，但是“改天”究竟是哪天？“改天”究竟会不会到来？能不能回想一下，您究竟有多长时间没有放下工作好好地陪您的孩子玩一天了？您是否也曾停下忙碌的脚步想一想，这么忙碌的日子，到底为了什么呢？

形式三：亲子关系考验。

设计目的：家长们平时只顾着管孩子吃什么、穿什么、学什么，也许并没有去真正地了解孩子的喜好。希望通过这样的环节能够引起家长对自己的反思。通过此考验让家长去思考自己是否真的了解孩子，是否真正地走入了孩子的生活。

活动内容：请教师发给每个家长一张纸和一支笔，请写出一些孩子的喜好信息。比如：您孩子最喜欢的动画片？您孩子最喜欢玩什么玩具？您孩子最害怕什么事情？您孩子在家里最喜欢和谁玩？您孩子最好朋友的名字叫什么？您孩子最喜欢什么颜色？您孩子晚上经常做什么样的梦？

备注：请家长回家之后问问孩子这些问题，看看自己的回答是否正确，是否真正地了解孩子。

活动要点：从孩子最身边的小事入手。

形式四：孩子心目中的家长。

设计目的：家长总喜欢根据自己的认识安排孩子的生活，或者经常不注意对孩子的态

度。而孩子究竟喜欢家长怎么对待自己，家长们也许从来都没用心去了解过。本设计旨在让家长更加了解学前儿童的内心，知道自己的哪些做法是孩子喜欢的，哪些是孩子不喜欢的，使亲子之间更好地沟通，建立起安全的沟通模式，从而缓解亲子之间的矛盾。

预期效果：家长了解孩子的想法，尝试和孩子进行深入的沟通，找到更好的亲子相处方式，帮助学前儿童建立更安全的心理状况。

主要内容：教师给每一个小朋友录一段录像。一段是我喜欢妈妈/爸爸……（说出平时他们想要家长怎样做），另一段是我不喜欢妈妈/爸爸……（说出平时他们不想要家长做什么）。把录像私下发给家长，让家长了解孩子的心声。看过录像之后，家长会了解孩子对自己的看法，从而进行改善，或者与孩子谈话，让孩子了解自己的想法，以改善亲子关系。期末时家长会与教师进行效果的交流。

7）大型防灾演习。

设计目的：现在很多灾难频发，有些家长也许并不知道一些防灾知识或者防灾的方法。本设计的目的在于让家长了解正确的防灾知识，增加防灾实践，知道如何保护自己、家人。

预期效果：家长了解正确的方法，体验过实践，能够保护自己和家人，并在此过程中体验在灾难中亲子间相互保护的情感。

具体形式：Flash 说明，演习配合，结束之后讨论反馈。

主要内容：例如，设计一次地震演习，之前由教师制作 Flash 或者上网寻找相应的 Flash，让家长观看，掌握正确的防灾知识。在演习之前告知家长具体的方法和路线等，请家长一起参与演习。将演习过程制作成录像，可供家长与学前儿童日后共同回忆。

8）深入访谈。

问卷可以普遍反映家长育儿的困惑，而每个家长也许有着各自不同的问题。所以，教师还需要通过适当的深入访谈来了解家长的心声。另外，教师也可以通过深入访谈来了解自己做家长工作的成效及家长育儿方式及心态的转变情况。比如，问家长最大的压力是什么，生活中会因压力大而对孩子大发雷霆吗，是否会在犯错之后向孩子道歉，等等。

5. 充分发掘社区可利用资源

学前儿童心理健康教育的顺利进行，需要家、园和社区的共同参与、协同合作。教师充分发掘社区中的可利用资源，能够丰富、完善健康教育的形式，有效地规划和使用资源。

（1）社区中可利用的教育资源。

社区中可利用的教育资源主要分为三类：环境、团体和个别人物。

环境资源有社区的马路、大门、花坛、运动器械等等。团体资源有老年锻炼团体、志愿者群体、小区中互帮互助的组织等等。个别人物资源有社区的保安、民警、火警等等。这些看似平凡的社区资源，其中蕴含着很多教育契机，这对于学前儿童来说是一笔巨大的财富。

（2）创造教育契机。

社区中的环境资源可以帮助学前儿童学会自我保护。比如，教师可以带领学前儿童寻找社区中的安全隐患、熟悉自己上下学的路途、认识不同的运动器械等等。熟悉社区中的环境，能够增加学前儿童在社区中的安全感，有助于学前儿童更好地保护自己。

社区中的团体资源可以帮助学前儿童学会关爱他人。社区中有很多居委会、志愿者组织等，它们都是为整个社区服务的。教师可以带领学前儿童适当地参与一些社区团体活动，让学前儿童向这些团体学习关爱他人，感受爱的同时也学会播撒爱。

社区中的个别人物资源可以帮助学前儿童学习专业知识。比如，教师可以适时地将社区中的民警或保安请到幼儿园的班级里，为学前儿童讲解遇到坏人如何处理、如果被困如何自救等等问题，真正地把社区的资源"请进来"。

6. 做好周详的记录

为能及时了解学前儿童的心理健康状况，教师有必要做好每天的观察记录。观察记录既可根据作息时间来记录，又可以活动内容为依据来记录。

（1）与作息表结合的观察日记。

在教室中，每一段作息都有其特殊的意义，因此，作息表可用来观察学前儿童学习的情况，并作为教室日记或教学记录用。这样，教师可清楚地记录下学前儿童在学校发生的事及发生的时间。以下是一些观察日记样本，仅供参考。

1）上午班教室日记表（举例，见表 5-1）。

表 5-1　　上午班教室日记表

上午班教室日记	______年__月__日	
时间	作息	记录重点及事项
8:00—8:40	自由活动	
8:40—9:00	集体活动时间	
9:00—9:30	计划时间　区域游戏时间	
9:30—10:00	户外时间	
10:00—10:30	点心时间	
10:30—11:00	小组时间	
11:00—11:30	大团体时间　（回忆）	
11:30—12:30	午餐时间	
备注		

2）下午班教室日记表（举例，见表 5-2）。

表 5-2　　下午班教室日记表

下午班教室日记	______年__月__日	
时间	作息	记录重点及事项
14:00—14:15	大团体	
14:15—14:35	小组（一）认知/语言	
14:35—14:55	小组（二）认知/精细	
14:55—15:15	吃点心　上厕所	
15:15—15:35	户外游戏感觉统合	
15:35—15:55	小组（二）游戏 / 社会	
15:55—16:10	大团体　歌谣教唱	
16:10—16:30	放学	
备注		

3）全日制班教室日记表（举例，见表 5－3）。

表 5－3　全日制班教室日记表

全日制班教室日记		______年__月__日
时间	作息	记录重点及事项
8:00—8:40	自由活动	
8:40—9:00	大团体时间　日历活动	
9:00—9:30	计划时间　角落时间	
9:30—10:00	小组时间	
10:00—10:30	点心时间	
10:30—11:00	户外活动	
11:00—11:30	大团体时间　回忆时间	
11:30—12:30	午餐时间	
12:30—14:00	午休	
14:00—14:15	大团体时间	
14:15—14:35	小组时间（一）	
14:35—14:55	小组时间（二）	
14:55—15:15	点心时间	
15:15—15:35	户外时间	
15:35—15:55	小组时间（三）	
15:55—16:10	大团体时间　歌谣教唱	
备注		

（2）与教学内容相结合的观察日记。

与教学内容相结合的观察日记也可作为教学日记用。教学日记以一周五天、共两周为一个单位，配合重要作息，记录学前儿童在每一段作息中发生的特别事项，以作为教学参考。表 5－4 是一张空白教学记录表，主要用来记录学前儿童在集体活动（户外及室内）及三个游戏区域的活动情形。

表 5－4　教学记录表

班别：						
教学形态 / 日期	集体活动（户外）	区域 1	区域 2	区域 3	集体活动（室内）	备　注

（3）与家园、社区共育的活动记录。

家园、社区的共育是一个长期的过程，收效较慢，更需要教师们做好记录。教师可以记录下自己曾经向家长们推荐过的书、讲解过的情景故事，曾经请过社区的哪些人、讲解过哪些知识等等。这些记录是未来进行对比或做规划非常重要的资料。

（4）其他记录。

除常规的记录外，幼儿园经常会发生个别学前儿童的特殊问题或者某些重要事件。如若与学前儿童的身心健康发展十分相关，教师仍应做好详细的记录。对于特殊事件也需要记录下来，以便于调整教学计划或平衡不同学前儿童的水平。

思考与练习

1. 学前儿童心理健康教育的目的是什么？
2. 简述学前儿童心理健康教育的任务。
3. 如何理解学前儿童对健康的态度与其社会化过程的关系？
4. 健康习惯的定义是什么？
5. 简述学前儿童健康的认知、态度和行为三者的关系。
6. 学前儿童家庭健康教育的特点是什么？
7. 托幼机构中开展健康教育的途径有哪些？
8. 试论大众媒体对学前儿童心理健康的影响。
9. 在托幼机构中妥善安排作息时间的原则有哪些？
10. 课程式评估的优点是什么？

阅读导航

1. 董旭花. 幼儿园环境创设［M］. 北京：中国人民大学出版社，2018.
2. 李生兰. 幼儿园与家庭、社区合作共育［M］. 北京：北京师范大学出版社，2016.
3. 王海青. 家园互动中教师典型困境与应对策略［M］. 上海：华东师范大学出版社，2015.
4. 袁爱玲. 幼儿园环境创设［M］. 上海：华东师范大学出版社，2017.
5. 张亚军. 幼儿园活动设计与经典案例［M］. 上海：华东师范大学出版社，2013.

第六章

学前儿童心理健康教育干预方法

本章导读

本章着力于阐述针对学前儿童个体所进行的心理健康教育干预的具体方法。本章主要分三节，第一节主要介绍学前儿童心理教育的特点以及相关教育干预的建议。在本节的学习中，需要了解学前儿童心理教育的特征、学前儿童心理问题产生的家庭原因以及托幼机构心理教育的内容，掌握在实际教育干预时应该注意的问题和应掌握的教育干预技巧。第二节主要介绍相关的心理学教育干预方法，包括个体心理学、沟通分析理论、完整教育干预和理性情感教育干预以及积极心理学的教育干预方法。在本节的学习中，应该结合第四章中关于心理学的教育干预理论，掌握并且区分这些教育干预方法，在实际教育干预中根据学前儿童的问题特点，选择合适的教育干预方法。第三节进一步介绍学前儿童心理问题的教育干预方法，包括游戏干预、沙箱干预、行为教育干预、团体干预、家庭干预、艺术干预。本节的学习要求是了解各种干预的实施步骤，并选择合适的方法对学前儿童展开教育干预。这里所言的心理教育干预有一定心理咨询的色彩。

案例观察

案例：嘟嘟特别怕兔子，老师就每天带他到幼儿园的生物角看兔子，看完兔子就给他一个红五星。从隔着笼子喂食，到摸摸小兔子，最后嘟嘟还把小兔子抱在怀里。

思考：上述案例中使用了什么教育干预方法？具体是怎么做的？

分析：（1）这里的教育干预方法是实践脱敏法。它是一种逐步消除不良条件情绪反应的教育干预方法，常被用于无法学会自我松弛，且不能对自己所恐惧的场景进行想象的学前儿童，属于行为教育干预法的一种。（2）其步骤是：1）用实践脱敏法对学前儿童进行教育干预时，先将学前儿童感到恐惧或焦虑的场景分为若干等级。例子中虽然没有看到，但是从教师的做法中可以看到，她对学前儿童感到恐惧的程度做了一定的区分。先是喂食、再是抚摸兔子，最后是抱兔子。2）由轻至重分级将可引起学前儿童恐惧或焦虑的刺激物呈现在学前儿童面前。教师从学前儿童较易接受的程度出发，循序渐进，让学前儿童和兔子从有一定的距离到亲密的接触。3）在呈现刺激物之前或同时，给予学前儿童较强的阳性刺激物。从例子中可以看到，每次嘟嘟看完兔子之后，教师都会给他一个红五星，这个红五星就是阳性刺激物，对嘟嘟的行为进行强化，以鼓励她下一次的目标行为。

第一节　学前儿童心理教育的特点

学前儿童的生理和心理发展都处于未成熟状态。我们在对学前儿童进行心理教育时，一定要根据他们的发展水平制订出一套适合他们的心理教育方法。学前儿童心理教育有其自身的特点，本节首先探讨学前儿童心理教育的三个特征，阐明对学前儿童、家长进行教育干预时应注意的问题，分析了学前儿童问题行为的家庭病理，然后对托幼机构心理教育的相关问题进行讨论，包括托幼机构心理教育的基本特征、基本技巧和基本内容。

一、学前儿童心理教育的特点

学前儿童个体差异大，所以应有的放矢进行心理教育。

（一）学前儿童心理教育的特征

一般来说，学前儿童的心理教育具有以下特征：

1. 主要通过游戏形式来进行

学前儿童期，心理教育面谈主要是在游戏教育干预室中进行的。这是因为学前儿童的游戏就像大人的谈话一样，可以充分表现出学前儿童的内部心理世界，起到与他人进行交流的作用。同时，游戏能够作为交流和意思疏通的手段，游戏干预可以在调整自我、适应自我及教育干预自我的过程中发挥接受心理教育和教育干预的作用。通过向学前儿童提供游戏教育干预室，分析学前儿童的行动、身体症状表现出学前儿童的内在问题，是这一时期心理教育的第一个特征。

2. 激发学前儿童自愿接受教育干预的愿望

学前儿童即使出现诸如智力问题、情绪问题或行为问题，也很难自发地来心理教育机构接受心理教育。因此，父母（或监护人）领他们来心理教育机构后，需要提高并维持学前儿童来接受心理教育的自发愿望。这就要求心理教育人员给来接受心理教育的学前儿童留下比较好的印象，如“游戏室很好玩”“老师很和蔼可亲”“去游戏室对自己好”等。这一要求，是这一时期心理教育的第二个特征。

3. 父母同时作为心理教育对象

对那些不能自愿来接受心理教育，或没有接受心理教育意愿、接受心理教育意愿较弱的学前儿童的继续咨询，需要得到父母（或监护人）的协助。对那些语言表达能力差的学前儿童，为了了解其日常生活中的有关信息，可以通过与其父母谈话获得。同时，由于学前儿童的生活受到父母的直接影响，因此，为了改善或解决学前儿童存在的问题，父母自身存在的问题、父母的养育态度等也应该予以改善。心理教育面谈的继续、信息的获得、环境的调整等咨询过程中的实际问题，需要获得父母（或监护人）的协助，为此，学前儿童的接受心理教育面谈往往与父母（或监护人）的接受心理教育面谈同时进行。这是学前儿童接受心理教育的第三个特征。

因此，学前儿童心理教育、咨询面谈要根据学前儿童自我的发展阶段来考虑，应尽可能采取非强迫的、不勉强的形式进行。但是，与其他咨询形态相同，学前儿童和咨询者也必须遵守双方约定的时间、地点等基本的规范和限定。

（二）适应学前儿童的心理教育

柔性教育和亲职教育都为必需。

1. 对学前儿童进行教育干预时应注意的问题

（1）不强制。

在对学前儿童实施心理教育时，应避免对学前儿童进行任何形式的强制，也必须遵守心理教育的基本原则和规范，使学前儿童毫不勉强地、自愿地进入游戏教育干预室接受心理教育或教育干预。因此，布置一个让学前儿童能安心、愉快游玩的游戏教育干预室至关重要。

（2）不迎合。

那些主诉多动而来接受心理教育的学前儿童或有自闭倾向的学前儿童，可能难以理解为什么必须在限定的地方度过一定的时间，为此他们感到不安和焦躁，或感到委屈。这时，心理教育人员可能也要跟随学前儿童到院子或外面，并陪伴学前儿童度过一定的时间。但是，即使这样，作为心理教育人员也不能一味地迎合学前儿童，更不能完全放弃游戏教育干预室，这是心理教育人员必须注意的问题。只要心理教育人员能坚持心理教育的规范性，对应接受心理教育者这一一贯的姿态，大多数学前儿童会将在教育干预室外所展开的游戏、玩耍的主题转移到或固定于游戏室内，并加强与心理教育人员之间的协调。

2. 对父母同时并行心理教育时应注意的问题

（1）不能错误归因。

缺乏心理教育经验的人员，特别容易与学前儿童形成同一化，将学前儿童出现的心理问题归咎父母身上，并性急地要求或建议父母改善对学前儿童的态度、教养方式。心理教育人员的这种态度，容易使父母增强不应该有的罪恶感，这样，不仅会降低父母的求助意愿，也会影响学前儿童心理教育的继续进行。当感到学前儿童需要较长时间地接受心理教育时，首先要与学前儿童的父母建立相互协作的信赖关系。

（2）广泛收集有关信息。

我们不仅可以从学前儿童的父母，也可以从学前儿童的班主任、老师或医师那里获得对学前儿童进行心理教育、教育干预有益的信息和资料。这样，学前儿童的心理教育者和父母的心理教育者应密切协作，每次心理教育之后都应该充分交换彼此的情况和意见，以求得父母和学前儿童的同时变化及学前儿童问题的解决和改善。

（3）运用多种方法。

除父母的心理教育者和学前儿童的心理教育者同时并行的心理教育形态外，还有另外的心理教育形态，如一个心理教育者分别与学前儿童和其父母会面的继时面谈的心理教育形态、与学前儿童和其父母同时会面的合同面谈的心理教育形态等。心理教育者应该在充分理解各自的长处和短处的基础上，选择合适的心理教育形态。从心理教育技术而言，同时并行的心理教育较为简单，其次是继时面谈的心理教育，较难的是合同面谈的心理教育。刚刚开始进行心理教育且尚缺乏经验的新手，可以首先采用同时并行的心理教育，在充分积累心理教育经验的基础上，再选择继时面谈的心理教育及合同面谈的心理教育。

3. 学前儿童问题行为的家庭病理

在学前儿童心理教育过程中至关重要的，是如何获得其家庭（父母）的配合。从某种意义上讲，学前儿童存在的心理问题，除器质性障碍等以外，基本上是家庭病理的一种表现。考虑到学前儿童的精神障碍、心理问题是由家庭病理造成的，心理教育人员掌握以下的有关知识和重要概念是很必要的：

（1）夫妻冲突。

这在问题学前儿童家庭中都可能存在。夫妻之间抱有强烈的不满和敌意，夫妻关系不和，且二人处于一种精神上的离婚、家庭内离婚的危机状态。

（2）家庭成员关系歪曲。

家庭成员之间很难沟通，彼此不信任，充满敌意和误解。

（3）家庭内角色混乱。

做家长的不能承担家长应该承担的角色，也不能尽家长的责任和义务。夫妻的性别角色也呈现混乱的状态。

（4）替罪羊（scapegoat）。

将学前儿童的精神障碍理解为一种理所当然的赎罪，从而心安理得，以保持家庭成员之间的均衡。

（5）母子共生关系。

在家庭内，母亲和学前儿童都维系着过于强烈的心理相互依存的关系。

（6）三代间的冲突。

祖父母、父母和学前儿童之间存在复杂的矛盾和一时难以解决的冲突，祖父母和父母之间本应该解决的问题未解决，并延伸到或持续到学前儿童的身上。

（7）父性原理与母性原理。

日本著名临床心理学家河合隼雄教授将家庭中父亲的角色作用命名为“父性原理”，将母亲的角色作用命名为“母性原理”，认为家庭中必须明确父亲和母亲各自分担的性别角色。

所谓“父性原理”，是指无论多么可爱的孩子，如果做了违背社会准则或家规的事，当父亲的会毫不留情地训斥孩子，或采取绝情、断绝关系等强制手段对待孩子。而“母性原理”则恰恰相反，无论自己的孩子怎样，当母亲的都会疼爱、包庇或袒护孩子。因此，“父性原理”是“切断的机能”，“母性原理”则是“包容的机能”。家庭里有唱“红脸”的，也有唱“白脸”的，说的就是这个道理。“父性原理”和“母性原理”如果不协调，往往会损害孩子的心理健康。

当然，家庭病理的实情并不局限于以上的表现，这里只是列举了日常生活中较为常见的几种家庭病理的形态，它们也往往交叉在一起影响着学前儿童的身心健康。因此，咨询人员在对问题学前儿童实施心理教育和教育干预的时候，应该对学前儿童的家庭病理进行系统而深入的了解，这是顺利开展学前儿童心理教育的重要钥匙，需要引起重视。

二、托幼机构心理教育

在托幼机构中进行的幼儿及其家长心理咨询，不同于由专门心理教育机构和教育干预机构所主持的心理教育，它是以地区为单位的学前儿童保健体系的一个组成部分，一般由托幼机构专业教师主持。教师在谈话对象的身边，运用轻松愉快的方法，开始一次倾心的交流，这是初期咨询的窗口。如果咨询谈话的内容超出了工作人员的职能范围，咨询主持者也有责任把情况尽快地移交其他专门机构，以求得妥善解决。

托幼机构的心理教育虽然充分利用了托幼机构的特长，但是主持者还是应当学习心理咨询的基本原理，经常钻研、研究学前儿童身心发育和心理保健的规律，尤其是要多方位地扩展有关社会学、区域医疗卫生网络的信息传递等专业知识。

（一）托幼机构心理教育的基本特征

托幼机构心理教育的基本特征主要包括了以下几个方面：

1. 心理教育者

在托幼机构中，心理教育者，主要有幼儿园园长或托育中心主任、主要负责的老师和保健老师，有时也可以约请临床心理学家、保健中心的工作人员实施心理教育。

2. 接受心理教育的对象

进入托幼机构的学前儿童的家长和亲属，托幼机构所在地区的一般家庭的家长和亲属。

3. 施行心理教育的场所

施行心理教育的场所主要在托幼机构的接待室、会议室和办公室等，只要是在规定的一段时间内没有其他人出入的安静环境，都可以作为心理教育的场所。如果没有合适的房间，也可以在走廊的一端找一个安静的角落。如果心理教育对象是所内学前儿童的家长，可以安排在保育室里，也可以在庭院里边走边谈，但应当逐步实现正规化。可以根据心理教育的内容，预先约定谈话的日期，请家长到专门为配合心理教育而设的心理教育室恳谈。有时，由于谈话内容较特殊，家长不希望碰到主持者之外的其他工作人员，这时，就应当考虑设立出入心理教育室的专门通道。

4. 心理教育日期的约定

心理教育一般采取的是约定的方法，或者由主持者等待恰当的时机。但是，如果家长对在托幼机构进行心理教育有所顾虑，也许更喜欢一些即兴的、简便的谈话。因此，可以每天先用电话和一些家长交谈，然后再根据交谈的内容，约定一个双方都能接受的下次交谈的日期。

（二）托幼机构心理教育的基本技巧

1. 电话咨询

通过电话进行心理教育，往往需要30～60分钟，所以最好安装一部心理教育专用电话。用电话进行心理教育最大的特点是方便。比如，可以在不公开谈话者身份的情况下进行交谈；可以在感到困惑时立刻交谈；可以在抱着孩子或照顾病人，或由于家中其他人反对心理教育而不能顺利到托幼机构来时进行交谈；也可以仅仅为得到一些简单的指点而进行交谈。当然，由于看不到对方，对交谈的结果很难加以确认，往往会给双方都留下不少疑问和遗憾。有时在进行了第一次电话交谈以后，由于没有谈完，还要根据谈话内容再安排几次电话交谈，或者直接见面交谈，或者向其他有关部门介绍和联系。由于一些家长缺乏心理教育的意识和要求，当他们决定拿起听筒进行交谈时，心理教育主持者一定要非常慎重，尤其要说好接电话后的最初几句话。

2. 面谈

在很多情况下，家长都会带学前儿童一起来面谈。因此，接待室里要有能容纳学前儿童活动的空间，布置供学前儿童随意欣赏、游戏玩具、图册和其他教材。在和父母面谈时，最好能够一边观察学前儿童做游戏时的情形，一边以轻松的心情倾听父母的意见。这种交谈能对学前儿童的行为、亲子关系及其相互作用的概况有一个了解。当一次面谈结束以后，应当根据实际情况，和家长共同决定是否还要再进行面谈，或者是转移到其他有关机构中去。

3. 连续面谈

如果家长有强烈的亲自来面谈的要求，或者交谈的内容相当复杂，就应该约定再进行一次或几次面谈。可以是在每一次面谈以后约定下一次面谈的时间，也可以做出定期面谈的安排。虽然每一位心理教育者都有不同的面谈方法，但是大多数情况下要以一种接纳的心情倾听家长所说的话，要在他们抒发内心郁闷的过程中和他们进行密切的沟通。但有的时候，应依据心理教育者的专业知识积极提供讯息，或者运用心理教育干预的技巧等，视问题的急迫性、地区有无专业机构以及托幼机构工作人员的不同素质而采取不同的对策。

4. 团体面谈

在心理教育中，如果认为学前儿童和同龄伙伴在教室中一起游戏或交朋友的体验很有帮助，那就根据每个学前儿童的特点来开展保育团体心理教育。

有些心理教育与其单独实施，毋宁由数名具有同样背景、同样问题的学前儿童集合在一起，一边观察学前儿童的游戏方式，一边以心理教育者为中心进行轻松的团体面谈。在面谈中，去发现家长存在的问题，同时观察学前儿童在游戏中所呈现的问题，然后心理教育者再给予建议。另外，在团体面谈时，家长自身在人际关系方面的缺陷也会有所暴露，这是团体面谈的优点。特别是以本园、所学前儿童家长为主组成的团体恳谈，更能减少面谈时经常会发生的紧张感，能从一开始就切入核心问题。

在时间上，可以是每周一次，既可以在家长们方便时进行，也可以优先考虑托幼机构工作的需要，总之，以双方都不感到勉强为原则。具体的操作方式多种多样。也可以尝试在学前儿童做游戏时，或者当家长在和别的主持者交谈时，对他们进行必要的劝导。

(三) 托幼机构心理教育的基本内容

(1) 睡眠。昼夜颠倒、夜间哭泣、脸朝下趴着睡、睡眠不熟、睡眠过短。

（2）身体发育。爬行、步行迟缓、体重不增加、动作迟钝。

（3）语言。语言迟缓、发音不清、不能组成两字词、语言使用方法混乱不堪、口吃。

（4）社会性。怕生现象严重、离不开父母、只喜欢独自游戏、不能和同伴一起做游戏、欺负弟弟妹妹、不肯出家门。

（5）性格情绪。反抗性、任性、粗暴、过动、心神不定、拒绝入园、痉挛、暴饮暴食、说谎。

（6）习惯。吮吸手指、咬指甲、玩弄性器官。

（7）家庭与学校环境。父母的育儿态度、与祖父母的关系、与近邻朋友的关系、没有游戏场所、幼儿园的问题、对托幼机构的不满。

（8）其他。艺能学习的问题、文字和数字的问题、选择玩具的方法。

除此之外，还有如家庭内暴力问题、不良行为问题、不适应托幼机构的问题、与教师的关系问题、夫妻间的问题等等。虽然这些问题已有不少超出了教师所能解决的范围，但教师作为一扇学前儿童心理教育的窗口，仍然要仔细倾听，并把有关情况向其他机构做翔实的介绍。如果介绍有困难，则要向家长说明有些问题为什么暂时不可能得到解决，同时要对家长的愤怒和困惑感表示同情，这也是心理教育的重要功能。

第二节　心理学教育干预方法

在此主要介绍根据前面已阐述的新型心理学理论而形成的干预方法。

一、个体心理学的教育干预方法

个体心理学的教育干预理论认为，教育干预者的主要任务和目标是增强学前儿童的社会兴趣，帮助学前儿童建立好的自我概念。基于此，阿德勒学派发展出一套实际的教育干预方法，强调目标行为的观察、对四种行为的询问和对策、鼓励的方法、逻辑结果的方法、对父母的教育干预五个方面。

（一）教育干预者的任务和目标

1. 教育干预者的任务

阿德勒认为，教育干预者的任务是帮助学前儿童以现实目标代替非现实目标，并且增加学前儿童的社会兴趣及人际能力。

2. 主要目标

个体心理学派的主要目标是使学前儿童建立正向的自我概念。若要达到这个目标，学前儿童必须能够在生命中找到自己的定位，并且因为能克服幼年既有的自卑而觉得自己很好。具体来讲适应良好的学前儿童的特质包括：（1）尊重别人的权利。（2）能容忍别人。（3）对别人有兴趣。（4）能与别人合作。（5）能鼓励别人。（6）有礼貌。（7）有正向的自我概念。（8）有归属感。（9）有被社会所许可的目标。（10）愿意努力。（11）愿意与人分享。（12）为众人的利益大于个人的私利。

每个学前儿童都会因自卑感而发展出属于个人的因应之道、处世的态度以及补偿的方式。因此，生命形式在早期就形成了一种独特的、可依赖的并且可预期的形式。

（二）具体的教育干预方法

观察和询问是实施各种方法的前提。

1. 目标行为的观察

这套方法主要是根据前面所提到的问题行为的四个目标，即寻求注意、权力、报复和自卑所发展出来的。要使用这四个目标的技巧，必须采取以下的步骤：第一，详细观察学前儿童的行为。第二，在心理上能敏感地觉察到你自己的反应。第三，从行为目标的角度来与学前儿童对质。第四，注意再认知的反应。

那些有问题行为的学前儿童也是受挫的学前儿童，他们错误地认为自己的问题行为会使他们得到所渴望的认同。第一个目标——寻求注意，是受了微小挫折的学前儿童想要得到的；第四个目标表现异常，是受了很深挫折的学前儿童所呈现的。有时当学前儿童的问题行为从一种转成另外一种时，往往代表学前儿童内心的挫折感更深了。

2. 对四种行为的询问和对策

这套方法主要是根据学前儿童经常出现的问题行为的四个目标，即寻求注意、权力、报复和自卑所发展出来的。要使用这四个目标，必须采取以下的步骤：

（1）关于注意的问题。

你会对此感到困扰，开始提醒、斥责学前儿童。

学前儿童认为，只有在被注意时他（她）才有归属感。

你可以采取：

1）当学前儿童表现出好行为时注意他（她）。

2）忽略他（她）的坏行为。你可以问：你是否想要我注意你？

（2）关于权力的问题。

你会被激怒，觉得被威胁。

学前儿童认为，只有在他（她）控制一切时才有归属感。

你可以无视当时的情境。

你可以问：

1）你是否很喜欢一切都在你掌握之下？

2）是否要我完全照你的话去做？

（3）关于报复的问题。

你会深受伤害并想要讨回公道。

学前儿童认为，他（她）只有讨回公道才有希望。

你可以：

1）以个别和团体的方式鼓励他（她）。

2）帮助他（她）接受自己是受人喜爱的看法。

你可以问：你是否想要伤害老师？

（4）关于自卑的问题。

你会觉得无助并且不知道该怎么办。

学前儿童认为，自己什么都不会做，只有别人对自己完全不抱任何期待时，才觉得好过。

你可以向学前儿童表达你对他（她）的信任，多用鼓励。

你可以问：你是否觉得自己笨，所以不想让别人知道？

以下就是一段教育干预对话（采用四种问话）：

辅："小莉，你知道自己在表现一些问题行为吗？"

莉："不知道。"

辅："你想不想和我一起试试看？因为我知道有一些问题可以帮助你想得更清楚。"

莉："好。"

辅："1. 你是否希望你的老师更注意你、更关心你？"

"2. 你是否希望班上同学们都听你的，都照你的话做？"

"3. 在班上你是否被人伤害过？所以你也要伤害你的同学和老师？"

"4. 你是否希望老师最好不要管你，不要老问你问题？"

不管学前儿童回答如何，以上这四个问题总要依序地问，因为有时学前儿童的主要目标不止一个。在谈话过程中，教育干预者必须在倾听的同时仔细观察学前儿童的肢体语言。例如，有时学前儿童虽然回答"不是"，但其脸上的表情却有愧色时，可能正是心口不一的表现。此时，面谈的技巧就可能相当有用。有时从学前儿童事后的更正行动中也可以找出学前儿童行为的目标。通常寻求注意的学前儿童可能会暂时停止不良行为，然后过不了多久又原形毕露了。如果学前儿童所要寻求的是权力，他（她）通常不但不会减少其不良行为，可能还会增加。如果学前儿童寻求的是报复，通常他（她）会采取更暴力的手段反击。自卑感强的学前儿童则不会合作，变得被动和消极。

3. 鼓励的方法

德瑞克斯提出，鼓励是对学前儿童的一种尊重。成人不应以高标准和自己的企图心来要求学前儿童。学前儿童之所以有不良行为通常是因为遭受到挫折，并且认为自己无法以一般的方式获得成功。事实上，衡量教育干预的有效性可以从学前儿童到底是否从拥有挫折的情绪到拥有被鼓励的感觉中得到验证。

（1）鼓励和赞美的关系。

鼓励的意思是不以自己的标准去衡量学前儿童的"价值"，以无条件的爱来接纳学前儿童，但不是认同学前儿童的不良行为。对阿德勒学派而言，赞美是一种有条件式的接纳，鼓励是注重过程、注重学前儿童本身，所以不论学前儿童是否完美成功，鼓励早已存在。

（2）鼓励的语言。

一般来说，属于鼓励式的话有：

1）我为你感到骄傲。

2）那件事很困难，但我想你应该没问题！

3）我知道你做得到，让我们一起开始努力吧！

（3）赞美的话。

1）这件事你做得真棒。

2）我喜欢你处理那件事的方式。

3）刚才那场球你打得真好。

报酬与惩罚是为阿德勒学派所排斥的，因为他们认为这两者都是注重外在的增强，是无益的。他们赞成以鼓励、内在自发以及逻辑结果的方式来帮助学前儿童。

4．逻辑结果的方法

（1）直接自然的后果。

逻辑结果的方法之精髓在于使学前儿童体验到其行为的直接、自然的后果。例如，学前儿童如果去碰热汤，就会被烫伤；如果把棒球手套随处扔，自然下次需要用的时候很难找。

（2）公平合理规则的保证。

逻辑结果通常是通过一套公平、直接、持久而合理的家规或班规所呈现的。例如，小凯打破玻璃，那他必须负起修复的责任，如果他没钱，可以打工赚钱来赔偿。也就是说，结果与不良行为之间是有关联的。

自然和逻辑结果并不是要父母不保护学前儿童，这一方法是要求学前儿童能体会出他（她）是个能为自己做决定的个体，这会使学前儿童更自重、更有责任心。

5．对父母的教育干预

（1）与父母面谈（同时其子女正在设有单面镜的游戏中玩）。

1）描述你的孩子（可以写在黑板上）出生时的情况、托幼机构中的表现、嗜好等。

2）你的孩子们是如何认识他（她）在家中的地位的？

3）你希望你的家在哪些方面可以更好？

4）你的家人在起床、吃饭、看电视、做家事、睡觉上有哪些问题？

5）你想改善吗？

教育干预者在父母未提出强烈的“我们不行了，我们一定要改”的求救讯息前，最好不要轻易提出建议。

（2）与学前儿童会谈（请父母离开）。

1）你知道今天为什么会来这里吗？

2）你的家人有哪些地方令你困扰？

3）你们要怎么做才能让家人更好？

4）谁是乖宝宝？

5）谁是爸爸的宝贝？

6）谁是妈妈的宝贝？

7）谁运动最好？

8）你们各自的长处是什么？

9）在学校里，你读得最好的科目是哪些？

10）在学校里，你读得最差的科目是哪些？

（3）与全家会谈。

结束计划前，澄清彼此的规则、角色和期望，建议：

1）每天父母亲应分别与孩子有段相处的时光。

2）一周开一次家庭会议。

3）每周进行一天家庭活动。

4）每个家人平分家事。

二、沟通分析理论的教育干预方法

这一部分主要阐述沟通分析理论中教育干预的主要目标、教育干预者同时担任着的三种角色、教育干预的五大原则以及教育干预的具体方法。

（一）教育干预的主要目标

简单地说，沟通分析主要的教育干预目标，是帮助接受心理教育的学前儿童达到“我行-你行”的生活地位。教育干预者可以用不同的方法与技巧让接受心理教育的学前儿童达到这个目的。由于学前儿童可以很容易学会与了解 TA 的观点与术语，所以在帮助学前儿童时，沟通分析的取向常为人所用。

“我行-你行”的生活地位是学前儿童的一种选择。其他三种生活地位不是将自己过度膨胀，就是压抑过多，会让学前儿童觉得在生活地位中毫无自由选择的空间。

（二）教育干预者的角色

1. 包含环境的角色

在沟通分析中，教育干预者的角色包含教导与提供支持的、照顾的环境。在此环境中让接受心理教育的学前儿童感到他（她）可以很自由地去放下或削弱限制他的种种命令、尝试新行为、重写新生活脚本以及朝向“我行-你行”的生活地位前进。

2. 学前儿童的教师角色

在理想状态下，沟通分析的教育干预者扮演着一位教师的角色。等学前儿童学会运用沟通分析的语言时，教育干预者则会进一步引导他（她）去分析自己的沟通形态，了解自己的行为是如何与别人产生交互影响的。

3. 学前儿童的家长角色

教育干预者同时担任着学前儿童家长的教育干预重任。因为很多产生问题行为的学前儿童是在“我不行”的生活地位中成长的。学前儿童在家庭中形成的自我状态是深受父母影响的。如果母亲经常以她个人不行的自我状态来对待她的孩子，那么她便将“我不行-你不行”的信息传递给她的孩子。学前儿童要发展坚强的“成人”自我状态，是必须通过观察他们的父母如何运用他们的“成人”自我状态去处理各种纷繁复杂的事物的。

（三）教育干预的原则

在沟通分析中，教育干预者遵循沟通分析的原则，并让接受心理教育的学前儿童使用这些原则分析与改善自己的行为。

沟通分析中，最常用的教育干预学前儿童的原则包括以下几个方面：

第一，定义与解释自我状态。

第二，自我状态间的沟通分析。

第三，正面或负面的抚慰（如“温暖的绒毛”或“冷酷的刺”）。

第四，我行，你也行。

第五，生活脚本。

通过这些原则，使学前儿童学着去了解原因，掌握了解后的资源，重新进入选择的境地。换句话说，学前儿童可以学会如何使用他的“成人”自我状态，处理来自成人与学前儿童自我状态间的冲突。

可以在遵循沟通分析原则的基础上，通过海报、图片、幽默的角色扮演等方法与工具来有效地教导学前儿童。沟通分析理论学家所出版的一系列书中提供了许多运用范例，学前儿童可以学习如何从“青蛙”变“王子”，也可以学习如何给予与接受“温暖的绒毛”（正面抚慰）、避免给予与接受“冷酷的刺”（负面抚慰）。

（四）具体方法

具体方法包含了教导步骤和抚慰方法。

1. 教导步骤

对任何学前儿童来说，沟通分析的有效教导法包含三个步骤：

（1）解读原则：可运用故事、图片、玩具或其他适合的方法。

（2）检测孩子所了解的沟通分析理论（发现理解错误时进行纠正）。

（3）让孩子从自己的经验中举出与沟通分析理论相呼应的例子（如：“今天你得到什么正面抚慰？”），或者确定你说的例子对他们的意义（如：“你必须早些上床睡觉是受什么自我状态的要求？”）。

2. 抚慰方法

可以教导与人相处有冲突的孩子一些有关新的抚慰形态的概念。首先，他们必须分析对方的行为。父母、老师、朋友给这孩子的是什么正向或负面的抚慰？对方给的又是什么抚慰？教导孩子从以下的分类中学习新的抚慰方法：

（1）自我抚慰——为自己做一些好的事。

（2）身体抚慰——拥抱、握手、拉勾勾（必须区分好的或不良的触碰）。

（3）无声抚慰——点头、微笑、挥手、使眼色。

（4）口头抚慰——“我喜欢你”“做得好”“谢啦”等。

（5）报酬或特权——让爸爸妈妈和你一起外出，让他们跟你一起玩、为你做一些事。

学前儿童可能不如大一点的孩子了解抚慰及自我状态的象征意义。此外，术语的运用与了解也会相对地减少许多。但对学前儿童来说，可以了解直接感知，如给他们“温暖的绒毛”，使他们感觉到很舒服；也可以用带刺的硬塑料玩具，让学前儿童了解“冷酷的刺”，让他们体会到别人对他（她）说了或做了一些让他（她）不愉快的事的感觉。当学前儿童因操弄负向抚慰而感觉不舒服时，可以有要求正向抚慰的权利。同样地，学前儿童或许可以了解他（她）有“思想的部分”“快乐的部分”“霸道的部分”等自我状态之同义词。

一旦学前儿童了解自我状态的意义与存在，他们便可以开始了解与区分互补性、交叉性及暧昧性沟通形态。如果学前儿童带出一个有关任一沟通形态的情境，可以促使学前儿童将情境对话化。在交叉或暧昧的沟通中，多鼓励学前儿童运用“成人”自我状态来找出更有效的沟通方式。

3. 其他方式

（1）配合自我状态。

配合学前儿童的自我状态，来谈论负面情绪与行为，将促使他们辨别自己与别人的自我状态。在此基础上，以自我状态理论配合学前儿童所述的经验解说，学前儿童便很容易了解。

（2）结合生活脚本的课题。

在处理生活脚本的课题时，协助学前儿童澄清与描述个人的生活脚本，可以引用阿德勒学派的生活方式询问的问题：

1）你家的“伤口”是什么？（G）
2）你家有什么人？（BP）
3）你的家人像什么？（BP）
4）还有谁曾经和你住过？（BP）
5）他们像什么？（BP）
6）在家里谁的地位最高？（PI，P）
7）爸妈最喜欢说的话是什么？（PI，CI）
8）以三句话形容你自己（BP，D）
9）你家人会用什么话来形容你？（PI，CI，BP）
10）你拥有最多不愉快的感受是什么？（R）
11）你拥有最多愉快的感受是什么？（BP）
12）妈妈最喜欢谁？（PI，CI）
13）爸爸最喜欢谁？（PI，CI）

注：BP（basic life position）——我认为自己与他人的基本生活地位；

PI（parental injunction）——从父母的C状态来的信息，比如：父母的命令，如别做一些我做的事；

CI（counter injunction）——从父母的P状态来的信息，比如：反命令，如“至少试一试”；

G（game）——“游戏”，让别人付出代价而得到抚慰；

R（racket）——负面感受；

D（decision）——决定，比如，我如何选择我的生活方式；

P（program）——计划，比如，如何遵守命令。

将上述问题进行编码，便可以找出该学前儿童生活脚本的雏形。

（3）根据实际情况，引导学前儿童的具体行为。

当教育干预者不能使学前儿童免遭负向的对待时，则不要去干扰或阻碍学前儿童一些在他（她）的家庭中仍有功效的脚本行为。不能急着要求学前儿童在学会获得抚慰的适当方式前放弃他（她）原用的游戏。不要替学前儿童决定什么是他（她）应该做的事。

上述方式也可以用在团体或家庭教育干预，以及个别教育干预中。角色扮演和演出心理游戏是有效的团体技术之一。沟通分析中的家庭教育干预则可鼓励家人了解彼此间沟通形态的交叉点或暧昧处，了解生活脚本正在撰写，以及了解可以改变家人感受的抚慰行为。

三、完整教育干预和理性情感教育干预的教育干预方法

完整教育干预是由皮尔斯倡导和建立的一种心理教育方法，理性情感教育干预是由埃利斯开创和拓展的一种心理教育方法。完整教育干预包括语言的运用、技巧的运用、自我评价的运用、想象的运用和适用于学前儿童的感觉运动方法，理性情感教育干预的实际教育干预方法包括重要的单元目标、ABCDE取向的教育干预、学前儿童的顿悟和成长、指导师的角色、模式的综合运用、转化与强化、去除非理性信念系统的策略、理性自我分析模式等等。

（一）完整教育干预的教育干预方法

1. 完整教育干预法的目标

（1）增强个体的责任感。

皮尔斯认为，教育干预的目标乃是帮助个体促进其成长，使其变成一个成熟的、能管理自己的生命并为自己负责任的人。

（2）加深个体的自我觉察。

皮尔斯强调要加深个体的自我觉察，能完全地活在此时此地中，以帮助个体做个人的统合。一个统合的人，他（她）的内在状态和行为相当符合。

（3）增加自我效能。

皮尔斯认为，当个体的内在状态和行为相当符合时，很少浪费心理能量，自我效能自然很强，他（她）能够将所有的注意力和能量完全应用在如何适当满足自己的需要上。

综上所述，完整教育干预法的目标就是帮助接受心理教育的学前儿童增加自我觉察力、对自己的行为负责。

2. 教育干预中的语言运用

（1）鼓励使用第一人称。

在完整教育干预法中，鼓励接受心理教育的学前儿童说话时用“我语言”，也就是用第一人称的“我”来代替“你”。例如，“这次没回答出老师的问题，你知道这会很难过”这句话中的“你”变成“我”。这样的练习旨在让学前儿童为他们自己的感情、思考和行为负责任。

（2）鼓励使用现在时。

在完整教育干预法中，鼓励接受心理教育的学前儿童说话时用现在时而不用将来时。比如鼓励接受心理教育的学前儿童把谈话中“将来不会”的字眼用“现在不能”来代替。例如，将“如不努力，我将来会不开心”改成“如不努力，我现在就不开心”，帮助接受心理教育的学前儿童意识到此时此刻所应负的责任是什么。

（3）不问“为什么”。

在完整教育干预法中，鼓励接受心理教育的学前儿童说话时只问“什么”（what）和“如何”（how），而不问“为什么”（why）。例如，“你对自己之前所做的现在感觉如何？”或者“当我们正在谈话时，你的脚想干什么？”。

(4) 鼓励使用叙述句。

在完整教育干预法中，鼓励接受心理教育的学前儿童说话时将疑问句改成叙述句。这个技巧旨在帮助学前儿童能够更真实地、直接地表达自己的情感和想法。例如，将“你觉得我是不是应该不要再和他们做朋友?”改成“我想我不要再和他们做朋友了!”，也就是帮助学前儿童不用虚假的层面来掩盖他（她）真正的想法。

(5) 用“我负责……”填空。

在完整教育干预法中，鼓励接受心理教育的学前儿童用“我负责……”填空。这要求学前儿童在自己的话中填空，以检视他（她）该为自己的生命负多少责任。例如，让接受心理教育的学前儿童做练习：“现在我觉得____，而我自己应该为这种情形负______的责任”。这个练习会让那些认为自己的好坏都是由环境所造成的人相当地惊讶，原来自己要负的责任实在不少。

(6) 未完成句练习。

未完成句练习和“我负责……”的练习颇相似，都是借此来帮助学前儿童了解他（她）如何帮助和伤害自己。例如：

“当我__________________，我能帮助我自己。”

“当我__________________，我会伤害我自己。”

3. 教育干预中的技巧运用

(1) 空椅技巧。

空椅技巧是让接受心理教育的学前儿童以投射的方式，将自己对重要他人的想法和情绪投射到一张空椅，并让他（她）以角色扮演的方式来体会每个角色的冲突的方法。

当学前儿童正谈到某位重要他人和自己的冲突时，就可在教育干预室中放置一张空椅，请学前儿童假想，若现在这位重要他人能够坐在这张空椅上的话，他（她）们将会如何互动。例如：

> 学前儿童（小明）：“李老师，我觉得你不喜欢我。”
> （说完话请小明坐到空椅上以李老师的立场来说话。）
> 空椅（李老师）：“小明，如果你能认真学习的话，老师就会更喜欢你。”

这样的角色扮演式对话可以一直持续到学前儿童心中对老师的抱怨和他（她）认为老师可能会有的反应都说完为止。这种技巧可以帮助学前儿童把事件带到此时此刻的情境来探讨，以增加学前儿童对问题的觉察，或者是对对方的情形能有理性的了解。

(2) topdog & underdog 技巧。

具体实施方法是利用空椅技巧来进行。在教育干预室中放两把椅子，一把椅子代表的是“我应该”(topdog)，另一把椅子代表的是“我想要”(underdog)。一开始，教育干预者要求学前儿童坐在 topdog 那把椅子上，陈述所有他（她）想到与“我应该”有关的内容，等到学前儿童已经讲得差不多了，请学前儿童换坐到 underdog 的椅子上，从“我想要”的角度来对抗刚才坐在 topdog 那把椅子上所说的话。这样一来一往的辩论，持续到学前儿童已经觉得把这两个相对角度的论证都完全表达完为止。

4. 教育干预中自我评价的运用

运用“我讨厌、我希望、我喜欢”的评价方式让接受心理教育的学前儿童对自己和他人之间的关系有一个清晰的了解。具体方法是请接受心理教育的学前儿童针对他（她）最亲近的三个人，说出他（她）讨厌对方的一件事、要求对方的一件事以及喜欢对方的一件事，如表6-1所示。

表6-1　我讨厌、我希望、我喜欢心情表

名字	我讨厌	我希望	我喜欢
明明	总不跟我一起玩	跟我玩的时间多一点	在一起玩游戏
舟舟			
浩浩			

这个技巧能够帮助接受心理教育的学前儿童觉察到自己对他人经常是同时存在着相当矛盾的情感，可以同时讨厌和喜欢对方，以帮助接受心理教育的学前儿童将此矛盾现象进行整合。

5. 教育干预中想象的运用

以下主要介绍幻想游戏。

幻想游戏对不同年龄的孩子都有相当大的吸引力，因为它可以让孩子体会到自己的情绪。例如，在一个团体中，我们可以请学前儿童先选出一种自己最喜欢的动物，然后请他们模仿这些动物的动作并漫步于整个房间中，之后要学前儿童一组组地坐下来分享刚才在扮演某种动物时的感受，也可以请学前儿童以说故事的方式说。如果学前儿童真的有对某种动物的感觉，最后他（她）能够很清楚地觉察到自己的感觉，并且能和老师、教育干预者或父母来讨论。

根据幻想原理可以发展出玫瑰树的游戏。

首先，请学前儿童先幻想自己是一棵玫瑰树，然后问学前儿童以下的几个问题：

（1）这棵玫瑰树的种类是强壮的还是柔弱的？（2）这棵玫瑰树的根是深的还是浅的？（3）这棵玫瑰树开几朵花？（4）这棵玫瑰树上有多少刺？是多还是少？（5）这棵玫瑰树生长的环境是好的还是坏的？（6）这棵玫瑰树长得很美吗？（7）这棵玫瑰树有够大的生长空间吗？（8）这棵玫瑰树和它四周的植物相处得如何？（9）这棵玫瑰树将来会怎样？

6. 适用于学前儿童的感觉运动方法

完整教育干预相当重视用个体本身所具有的感官进行接触，这些接触包括看、听、碰、说、移动、闻和尝。这些肉体上的接触，可以帮助学前儿童更了解自己的行为和情绪。

（1）倾听音乐。

这个方法可以培养学前儿童良好的倾听习惯，并使自己的感情与音乐产生共鸣。老师或教育干预者可以让学前儿童听一段音乐，听过之后请学前儿童谈谈自己的感想。在这位学前儿童谈自己的感受时，可以让其他学前儿童分享这种感受。

（2）使用乐器。

这个方法既能让那些性格内向的学前儿童宣泄自己的情感，又能让他们增强自信。教育干预者可以让一位性格内向的学前儿童坐在一群学前儿童中间，并允许这位学前儿童自由选择各种乐器，如小鼓、小铃等，然后让他（她）根据自己的喜好、速度等带领其他学前儿童一起奏出音乐。

这个方法也适用于好动和攻击性较强的学前儿童。让他（她）使用一些较安静的乐器，如三角铁等，并带领其他学前儿童一起演奏一些节奏比较舒缓的曲子。在听别的学前儿童演奏时，让他们闭上眼睛，想一些愉快和平静的事，或者跟随音乐的节奏轻轻摇摆。如此一来，可以使过分好动和有攻击性行为的学前儿童得到平静和安抚。

（3）跟随韵律。

这个方法可以让学前儿童以身体动作来表达自己的情绪和情感。教育干预者可以先让学前儿童自己去寻找伙伴来扮演角色。扮演的内容是与情绪和感觉有关的事件。当学前儿童根据韵律来用身体动作表达内心情感的时候，教育干预者要认真观察，过后还要倾听他们的话，并让学前儿童坐下来进行讨论。

在多次重复中，教育干预者选取几种有代表性的情绪，让学前儿童再表演一次，使所有在座的学前儿童都能从活动中体会到自己情绪表达的各种方法，也使他们了解到他人在表达自己情绪、情感的时候也有许多方法。

（4）增进自我觉察力的活动。

1）感觉的觉察。

指导语如下："以下的五分钟里，请你把注意力放在有东西碰到你的皮肤时你的感觉、你的重量落在椅子上时的感觉、你穿鞋时以及踩在地上时脚的感觉、你身上某部分被衣服紧束的感觉、摸一些东西的感觉上。"并且请你慢慢地、一件件地随着我的引导把它们讲出来。例如：这个桌子表面好粗糙哦！

2）品尝时间。

事先准备好各种不同的食物（一小口式的），如红萝卜、苹果、肉、青菜等，然后说出以下的指导语："在以下的五分钟里，请你一次一样，慢慢地品尝放入你口中的食物，用你的舌头、嘴唇、牙齿和整个口腔来感觉那个食物，然后请你慢慢地咀嚼，直到那口食物已经完全溶化在你口中，再把它吞进去。"

3）魔镜·魔镜。

准备一面中等的镜子，请学前儿童一个一个走到镜子前，给每位学前儿童约30秒的时间注视镜中的自己，然后请学前儿童说出他（她）从镜中看到了什么，引导学前儿童尽可能地表达，直到他（她）什么也想不出来。

4）此时此刻。

使用以下的指导语："请放松地坐在你的位子上，并体会此时此刻你的感觉，你可以把它说出来……"

（5）增进自信心的活动。

1）身体接触的活动。

学前儿童需要与人有身体上的接触，需要被抚摩，也需要了解什么是"好的肌肤接触"，什么是"不好的肌肤接触"。教育干预者可以用拥抱、拍拍肩及背、握手等方式来表达对学前儿童的鼓励。另外，还可用以下几种"接触游戏"来增加学前儿童的自信。

"团体坐下"游戏：请学前儿童围成一个圆圈坐下，然后要求每位学前儿童都设法坐在他（她）旁边伙伴的大腿上，如果姿势正确，大家合作的话，整个团体可以维持一个圆，并且没有任何人是坐在地板上的。

“双人同站”游戏：请所有学前儿童排成两列，背对背坐下，双手与背后伙伴的双手紧握，用肩膀的力量使双方站起来。

“互揉肩膀”游戏：请学前儿童围成一个圆圈后，全体转向同一侧，然后为前面一位伙伴按摩肩膀。

“信任跌倒”游戏：请学前儿童排成两排，前排的学前儿童眼睛闭上往后倒，后排的学前儿童要负责不让前方的伙伴倒下去，用各种方式来接住他（她）。

2）大声赞美。

请学前儿童围成一个圆圈后，一个个轮流站到圆圈的中间接受其他伙伴大声地欢呼和赞美，然后向大家致谢。

3）体能游戏。

设计一些适合学前儿童的体能游戏，如爬绳梯、跳远、跳箱、木马等让学前儿童玩。当某种游戏玩到熟练后，学前儿童可产生“我可以做得到”的自信。

完整教育干预法的一些技巧，能使接受心理教育的学前儿童的内心冲突得到即时的缓解，因而在心理教育干预中取得了一定的地位。如能将完整教育干预法与其他的一些心理流派结合起来，并能吸取其他流派的一些心理教育干预方法，如心理剧等，完整教育干预法的效果将会更好。

（二）理性情感教育干预的教育干预方法

1. 理性情感教育干预的目标

理性情感教育干预的主要目标为增加幸福、减少痛苦。为了达到以快乐为主的境地，理性情感教育干预又有两个重要的单元目标：一是告之后果，告知有情绪困扰的学前儿童非理性信念如何导致功能失调的后果。这些后果包括愤怒、忧郁、焦虑等情绪。二是直接教导，直接而理智地教导学前儿童驳斥或粉碎非理性信念，并以理性信念取而代之。一旦教育干预者能引导学前儿童驳斥其非理性信念，学前儿童便进入了一个新的境地：接受对自己、对他人、对环境的新期望。

学前儿童能以理性的、具有生产力的思想取代非理性的、绝对性哲理与后续感受时，将不再陷于负面感受的恶性循环中。学前儿童一旦脱离功能失调的感受，他们将能自由地选择减轻问题，降低失望打击的行为。

2. ABCDE 取向的教育干预

所谓的“ABCDE 取向”，是指某一事件发生后，个体对这一事件的评估、由此而引起的情绪、受到的非理性自我信息的攻击以及对非理性自我信息的理性信念。

A：发生的事件，如“我拍皮球没拍到 10 个”。

B：个人如何评估事件。

B1——非理性信息：“我是个彻底失败的孩子！”

B2——理性信息：“我没拍到 10 个皮球，很难受，但是我为下次取得好成绩而努力吧！”

C：为 B 阶段之后所会衍生的后果或情绪。若为 B1 信息，则会使人感到非常沮丧；

而B2信息不会使人觉得自己很伟大，但是至少不会使人下次的表现大打折扣。

D：呈现驳斥个人在B阶段所用的非理性自我信息的攻击言论。教育干预者的作用在于帮助个体确定与认清个人的非理性信念，之后质疑存在的非理性想法。

E：呈现个人在思考B1自我信息后，所回答的理性想法。

举一个例子来说，教育干预的过程可能会有以下步骤：

A：有些不快乐的事发生在你头上。

B：你评估这个事件，你觉得这事件很可怕，是你不允许发生的。

C：你变得紧张不安。

D：你质疑B1的自我信息：为什么很可怕？为什么不允许它发生？

E：你的答案是：这是一件令人失望的事。

我希望事情可以更好，但是并不表示我可以认为事情永远会如我所愿。

埃利斯在《情绪教育之课堂教学》一文中，提供了另一个运用理性情感教育干预的范例：一位名叫舟舟的学生，一想到会被老师在课堂上叫起来朗诵课文，就感到十分焦虑，即使他熟知朗诵的内容也是如此。他预期事件A的发生情形，虽然只是预期了这个事件A，但却已先感到紧张与困难了。舟舟常常在B1阶段加入非理性思考："如果我失败了，那会是很可怕的事，没有人会再喜欢我，我将会一文不值。"来自B1的信息就会导致后果C的高度焦虑，而此时，B1信息将会在小强下次被叫起来朗诵时，破坏他所有努力的成效。

3. 学前儿童的顿悟和成长

理性情感教育干预是直接的、教诲式的，它的语言运用性高。教育干预的最终目标是协助学前儿童了解自己的非理性信念，并且在重新思索、想通后，能放弃这些不合理的想法。

4. 指导师的角色

埃利斯建议，在常用的心理教育干预技术，如探究、辩论、责难和解释之外，理性情感教育干预者还需加入面谈、教化、再教育等技巧。因此，理性情感教育干预者应该是很高的指导师的角色。

（1）向学前儿童解释原因。

教育干预者承担着向学前儿童做深入解释的任务。向学前儿童解释，是他们的想法而非事件本身造成他们的情绪困扰。

（2）对学前儿童进行疏导。

由于学前儿童常不了解导致他们困扰的原因，所以教育干预者需要去开导他们、教育他们。家庭作业也是教育干预者在教育干预过程中指派给学前儿童练习的重要工具之一。家庭作业常包括阅读、具体作业操作或冒险行为尝试。

5. 模式的综合运用

（1）模仿的重要性。

理性情感教育干预的教育干预者认为，一个人信念系统（可被定义为事实的意义）的发展历程，与语言的习得相似——皆为模仿及观察学习而来。因此，可以看出学前儿童所获得的信念系统反映了其生活中重要他人的想法与态度。

（2）信念的增长性。

理性情感教育干预的教育干预者认为，这些信念系统将融入学前儿童的心智之中，进而会主宰学前儿童对事实的理性思考情形。然而，理性信念又如同语言一般可以不断增长，即继续扩充词汇与修改表达，一个人也可以改变及替换其信念系统的内容。

（3）改变信念的具体性。

理性情感教育干预运用于学前儿童时，需要根据学前儿童词汇的多少、抽象概念思考的能力高低而有所调整。人们会因思考方式而有所感，教育干预者的目的就是要改变当事人的内在语言，进而达到改变外在行为。而对学前儿童运用理性情感教育干预技术的限制之一，就是学前儿童的行为尚未从一个情境类化到另一个情境，也就是说学前儿童的行为会依据不同的环境表现出不同的行为。因此，对学前儿童的行为判断就显得更为复杂和困难，使他们的内在语言改变也更有难度。

6. 转换与强化

这里所言的转换，是指让学前儿童进行角色的转变，从而认清问题所在。而强化，则主要指通过强化的方法，增强学前儿童的理性思考。“角色转换”（role reversal）的方法是教育干预学前儿童很有效的技术之一。其步骤为：

（1）由学前儿童描述一个发生的事件及后来的感受。

（2）教育干预者则向学前儿童解释，正是由于这个想法才使学前儿童感到不安，之后二人以角色扮演的方式来演出该事件，但是由教育干预者来扮演学前儿童的角色。在演出的过程中，教育干预者在表现适当行为之时，也同时将内在语言大声说出。

1）增强困扰学前儿童的理性语言表达，也可以获得可观的成效。

2）学前儿童不仅在口语表达与信念系统上变得更具理性思考，也会在行为上有理性化的改善。

以下便是可以用来增强理性信念的一段小对话：

> 我不喜欢幼儿园，但我可以忍受它。
> 我做了一些坏事，但我不是一个坏孩子。
> 我不喜欢被人乱叫难听的绰号，但是被叫绰号也不可怕。
> 即使别人叫我笨蛋，也并不表示我就是个笨蛋。

在克瑙斯（Knause）的实验中，一些学前儿童的理性思考的进步，足以使他们提早结束教育干预。

埃利斯相信，所有的学前儿童之所以会有不适宜行为，只是因为他们是小孩子。他认为，学前儿童在五岁以前，幼稚性行为与不适宜行为是难以划分的。

7. 去除非理性信念系统的策略

埃利斯等理性情感教育干预的代表人物，整理出一些可以去除学前儿童非理性信念系统的策略。这些策略虽然都是通过教诲而实现的，但研究证明这些策略是行之有效的。

策略一：教导学前儿童投入于游戏之中。学前儿童在游戏中体验到的乐趣是有意义的，因为游戏很有趣，它可以削弱学前儿童想要在各种活动中“必赢”的念头。可以借此机会告诉学前儿童，不是赢了才能获得乐趣，并不是只有“赢”的人才能成为一个愉快的人、成为一个有价值的人。

策略二：教导学前儿童成功来之不易。学前儿童往往是急于求成的。一旦没有在短期内获得预期的成功，他们就会出现许多非理性的信念。因此，要教导他们，有意义的成就不易获得，而且很多的成功都是在经过一段很长时间的辛苦努力才获得的。

策略三：教导学前儿童没有达到目标也不会因此而变成坏孩子。学前儿童往往会以成败论英雄。因此，需教导他们，尽了全力，即使没有达成目标，也并不表明自己是个无能的坏孩子，在失败中仍能喜欢自己是很重要的事。与此同时，教导学前儿童区分想要（want）和需要（need）的不同。当我们得不到“想要”的东西，并不表示我们得不到我们非常“需要”的事物。

策略四：教导学前儿童“完美”不是唯一的价值体现。自我要求较高的孩子，往往会追求完美。而一旦结果并不如他们所追求的那样完美，他们又会丧失信心。所以，要教导他们，虽然追求完美表现是好的，但是完美不是成为一个有价值的人的必要条件。犯错误虽不是什么好事，但是从错误中学习，也是预防错误再发生的重要途径。

策略五：教导学前儿童成就与受欢迎并不是必然相关的。要让学前儿童知道，要让“所有的人”都“一直”很喜欢你是件很困难的事，而且，即使是100%受人欢迎的人，也不见得就可以成为一位有价值的人。

策略六：教导学前儿童别把发生的事情及自己看得太糟。学前儿童往往会有把结果扩大化的倾向，以至于把小挫折视为大灾难。因此，在评论学前儿童的表现及给予学前儿童建设性的批评时，给他们提供正强化是十分必要的。

8. 理性自我分析模式

（1）教育干预的步骤。

理性情感教育干预学者沃特金斯（Watkins）在前辈的理论基础上总结了学前儿童的一套理性自我分析模式，这套模式也可视为适合学前儿童发展层次的模式。在对学前儿童进行教育干预时，教育干预者可以根据学前儿童的口述，按以下几个步骤记录下来：

步骤一，让学前儿童说出所发生的事件。

步骤二，要求学前儿童把自己当作一台摄影机。教育干预者说：“如果你是一台摄影机，你录下了所发生的一切。你会看到什么？听到什么？”

步骤三，说出你认为发生的事情，你是怎样想的。

步骤四，说出你觉得如何、你想要什么。

步骤五，考虑一下你的想法是否是“聪明”的想法。

步骤六，你如何知道自己是在思考“聪明”的想法？可考虑以下问题：如果我的想法是真实的，而且，如果我是一台摄影机，那我又会看到什么？这想法可以使我过得快乐吗？这想法可以使我得到想要的一切吗？这想法可以帮助我解决与别人之间的冲突吗？这想法可以帮助我感觉到我愿意感受的方式吗？

步骤七，你想要什么样的感觉？

步骤八，说出可以比上述“更聪明”的想法。

步骤九，你今后再碰到这样的问题，会怎么做？

(2) 教育干预的要点。

在实施上述步骤时，具体要注意这样一些问题：

在实施步骤一时，要让学前儿童说出现在最困扰他的一件事的想法，例如："明明叫我笨蛋，是因为他不喜欢我，才会叫我笨蛋的。"在实施步骤二时，则要让学前儿童像一台摄影机那样，真实地说出自己所看到的和所听到的事情，例如："当我不跟明明一起玩小汽车的时候，他就不喜欢我了。"随着在步骤二中所增加的客观性，在步骤三时便让学前儿童说出他们对所发生的事情所产生的感受，例如："明明会对我生气，不喜欢我，那我一定是个坏孩子。"在实施步骤四时，则请学前儿童说出他们的真实感受，例如，"明明叫我笨蛋，使我很生气，我也很伤心"等，以及他们做了什么，如"我打了他"。在实施步骤五时，则要求学前儿童想一想，他们有没有在思考"聪明的想法"，比如："我再让明明跟我一起玩小汽车。"同时，以步骤六的问题来进行反省，例如，"我的想法能不能帮助我解决和明明之间的麻烦?"，这些问题的答案"是"或"否"都可在进行步骤五时制作成一张表。得分多的学前儿童可以跳到步骤七，列出一些自己比较希望能拥有的一些感受，例如："我宁可明明不再跟我玩，而不要再叫我笨蛋。"在实施步骤八时，则要求学前儿童说出"更聪明"的想法——可以帮助他们感觉更好些的想法，例如："我不希望明明再对我生气，但是，他要是在我向他赔礼道歉后还生气的话，我就找别的小朋友玩。"步骤九是协助已能进行理性思考的学前儿童，在下次面对会让他们感到不舒服的事件时，所准备的一个应对计划。

理性情感教育干预理论给我们提示了一个重要的问题，那就是学前儿童的心理问题产生，并不仅仅是因为事件本身，而更多地在于学前儿童由此而引起的一系列非理性的思考。而学前儿童的这些非理性思考，又直接受到教养者们，如家长和托幼机构教师的影响。因此，要使学前儿童能有更多的理性思考，家长和教师担负着极其重要的责任。

同时，我们也可以看到，理性情感教育干预偏重于根据学前儿童的口头语言和认知水平来实施心理教育，所以，对有问题行为的学前儿童进行心理教育时，我们更要注重观察学前儿童，注意更多地根据学前儿童的肢体语言和表情语言来运用这一方法。

四、积极心理学的教育干预方法

优势强化法（strengths-centered therapy，ST）是一种新的教育干预模式，是将积极心理学与社会建构主义心理学在心理教育干预方面的理念和策略整合于一体的干预，由美国得州大学乔尔·王提出。它是以积极心理学和心理教育干预的社会建构论观点为基础的一种教育干预方法。这一教育干预模式的基本原理是使用人们的性格积极力量，当事人和教育干预者共同开创当事人的生活叙事，发展积极心理学实践的方法。

（一）基本理念

1. *以品格优势为首选的教育干预语言*

ST 中的优势特指积极心理学定义的品格优势，被用来界定美德的心理构成，即过程和机制。换言之，品格优势是彰显美德的必由之路，其定义为："任何一种持续地使得一个人的思考和行为都有益于其本人和社会的心理过程和机制。"

积极心理学跨文化的研究发现，有六大美德——智慧、勇气、仁爱、公正、节制与超越普遍存在于一切文化之中，并在宗教、哲学传统中受到广泛推崇。ST 认为，语言能够影响人们的现实生活，诊断性标签如障碍、抑郁、强迫等术语也构成了人们生活的现实，会对当事人的自我概念造成消极影响，在教育干预中应用积极取向的语言能为当事人原来的一些体验构建新的意义。ST 在教育干预语言中首选的一套语言是品格优势与美德，如勇气、坚韧、仁爱、宽容、好学、对美的欣赏、领导力等。

2. 用品格优势来描述问题和确立目标

ST 认为，当事人常常意识不到自身的优势，不知道如何利用这些优势更好地生活。ST 教育干预者引导当事人用品格优势来谈论问题，用希望拥有的品格优势来描述教育干预目标。在确立目标时，要当事人确立努力争取的积极目标，而不是尽力避免的消极目标。举例说，当事人觉得自己太“急躁”，可引导其表达为“我想变得更有耐心”；当事人想“降低焦虑”，可以说想“拥有更多的宁静、安详”。引导当事人确认自己渴望拥有的品格优势会重构其当前体验，比如，从认同自己为一个抑郁的人到认同自己为渴望更有勇气的一个人。

3. 品格优势的含义和命名要咨访双方共同议定

在 ST 中，教育干预者不能主观臆断自己对特定品格优势的理解和当事人完全一致，而且不一定要按照上述中列举的特定名称来讨论品格优势。咨访双方对具体品格优势的理解必须符合当事人自己的定义。术语“品格”和“美德”甚至不需要被用在心理教育干预中，除非他们对当事人有意义。此外，教育干预者应鼓励当事人用创造性的标签来描述认同的和期望的品格优势，以积极重构当事人的体验。

4. 采用“多音性”策略建构品格优势的意义

ST 应用“多音性”的策略创造当事人品格优势的新意义。“多音性”是社会建构论的一个术语，指利用当事人的人际和社会资源扩展叙事声音的数量而影响当事人的体验。根据社会建构心理学观点，当事人赋予品格优势的意义不仅仅是他们自身思考的产物，还受人际关系的影响。ST 积极促进当事人培养健康的人际关系，注重榜样对当事人的体验可能产生的新意义。

（二）实施策略

ST 的实施包括显性化、预想、鼓励应用、扩展四个阶段。这四个阶段并非直线过程，除了扩展阶段外，其余三个阶段都可在教育干预过程中反复使用。此外，每一个阶段中应用的策略也可用于另一个阶段，“创造性地使用语言”和“多音性”两个原则性策略渗透于教育干预的所有阶段。

1. 显性化阶段（explicitizing phase）

此过程是在教育干预者与学前儿童建立关系的基础上确认学前儿童身上存在的品格优势。假设品格优势内隐于学前儿童呈现的烦恼和问题中，教育干预者可以协助学前儿童共同探讨这些品格优势，使其外显化。显性化可以通过各种策略实施，可以是教育干预者试探性地指出对学前儿童的优势觉察，也可以让学前儿童确认自己的品格优势。

策略一：教育干预者在学前儿童呈现问题时，既不否认学前儿童的痛苦体验，又指出学前儿童拥有的品格优势，例如：

学前儿童说："我不想学钢琴，我很讨厌它，但是为了不让妈妈生气，我只能去弹钢琴。"

教育干预者说："虽然你不喜欢弹钢琴，但是为了让妈妈开心，你还是选择坚持下去。"

策略二：将学前儿童认为的弱点重构一个品格优势，比如将学前儿童的自卑重构成一个适应性策略，这样教育干预者可以启发一个自卑的学前儿童，他（她）常能得到比预期更好的结果。例如：

学前儿童说："有时候我不敢在很多人面前唱歌或者朗诵儿歌，因为他们会笑话我。"

教育干预者说："你其实是在保持一种低调的姿态，不过我知道你不是因为唱不好或者不会那首儿歌，而是不想被大家关注。"

策略三：利用学前儿童的支持性人际关系使其觉察自己的品格优势。邀请学前儿童的一两位好朋友参与面谈，教育干预者可以在学前儿童在场时，询问他（她）的好朋友有哪些优点。教育干预者还可以与学前儿童的好朋友进行虚拟面谈，比如："如果你的好朋友琳琳在听我们谈话，她将会认为你有哪些优点呢?"

策略四：使用创造性的标签命名具有个人意义的品格优势。比如，一个学前儿童喜欢看《喜羊羊与灰太狼》，他（她）也许会将自己的"真实性"品格优势说成是"喜羊羊"的品格优势。

识别学前儿童的品格优势并不是要限制他们发泄自己的消极情绪，教育干预者需要传达出这样的旨意：他们真正关心学前儿童所关心的事，即使与学前儿童的消极体验有关；他们同样关心学前儿童的消极体验在外显过程中会共同引发。例如，当教育干预者发现学前儿童表达自己的烦恼和痛苦时，应该表达出对其真实、勇气的欣赏，这就是在共情他（她）的主观痛苦体验的同时确认他（她）的优势。

2. 预想阶段（envisioning phase）

此阶段是让学前儿童思考自己希望发展什么样的品格优势以及如何利用已经确认的优势达到教育干预的目标。可以使用以下策略：

策略一：直接问学前儿童："你想具有什么样的优点?"

策略二：先引导学前儿童明确自己的教育干预目标，然后讨论发展什么优势有助于教育干预目标的实现。比如，当学前儿童说"能够大胆在众人面前唱歌"时，可以问他（她）："什么有助于你敢于在众人面前唱歌呢?"

策略三：用完成句子技术帮助学前儿童用品格优势表述教育干预目标。要学前儿童完成以下句子"假如我是一个______的人，我更有可能达到我的______目标"，鼓励学前儿童想出尽可能多的词语填在句子空白处，许多词语很可能就是他（她）需要发展的品格优势。

策略四：让学前儿童想想他们赞赏、钦佩什么人，这些人的品格优势有哪些。比如，一个学前儿童说自己最佩服警察叔叔，那就可以问学前儿童："警察叔叔有哪些优点呢?"

策略五：鼓励学前儿童想象拥有自己期望的品格优势的状态，比如，学前儿童的目标是想更勇敢，可以让他（她）具体地想象，假如他（她）变得更勇敢了，他（她）一天的生活会是怎样？

3. 鼓励应用阶段（empowering phase）

此阶段是让学前儿童通过体验自我激励发展他们期望的品格优势。当学前儿童有足够的机会用他们期望的品格优势时，他们才能体验自我激励的感受，才会有更高的积极性去应用这些品格优势。

策略一：帮助学前儿童养成应用某些品格优势的新习惯。比如，学前儿童的目标是成为生活能自理的孩子，可以让父母协助他（她），当他（她）完成一件生活自理的事件（如洗自己的袜子）时，就让父母帮他记录下来，每个周末回顾一下自己能独立完成的事情。

策略二：让父母或者老师给学前儿童写一封信，谈谈发展品格优势的益处，以此进行鼓励。

策略三：询问学前儿童在发展自己想拥有的品格优势、加强已具有的品格优势时，生活中有谁能够支持他。

策略四：与学前儿童讨论品格优势在不同的环境和条件下怎样应用是恰当的，当学前儿童懂得何时、何地、对何人、如何发挥他们的品格优势时，品格优势才能得到最佳的应用。

策略五：让学前儿童用设置标牌的方法检测自己的进步。例如，用汽车行驶距离（从家到幼儿园）隐喻学前儿童在期望的品格优势上的成长，自己的家代表开始阶段，幼儿园代表成长的最高水平。

4. 扩展阶段（evolving phase）

此阶段是优势强化法的结束阶段。但“扩展”一词意味着品格优势的成长过程不会终止，即使完成了教育干预还会继续。

策略一：教育干预者和学前儿童回顾和庆祝学前儿童在心理教育干预中取得的成绩，特别关注其在品格优势上的成长。

策略二：教育干预者鼓励学前儿童进一步地成长。比如：“假如你继续更友好地待人，以后小朋友会对你怎么样？”

策略三：启发学前儿童利用现有的品格优势去应对将来的挑战。比如：“假如这个问题再出现，你能依赖你的哪些优势去应对？”

策略四：询问学前儿童以他（她）生命中重要的人的角度来看，他（她）在品格优势的发展上有哪些显著变化，以后的成长方向是什么。

优势强化干预关注学前儿童身上的品格优势，挖掘学前儿童身上体现出的潜力和积极品质来转变消极品质，这对于学前儿童品格形成阶段非常关键。此外，在大多数情况下，当学前儿童出现问题时，往往体会到的是老师或者家长对自己的否定和拒绝的消极情感。而在优势强化干预中，教育干预者对学前儿童的问题进行积极的分析评价，让学前儿童体会到积极的情绪和自我效能感。但是优势强化干预主要是教育干预者通过引导学前儿童认知实现的，因此可能需要更多的耐心和更长的时间。

第三节 针对学前儿童心理问题的教育干预方法

对学前儿童心理问题进行教育干预的方法有很多，本节摘取较有影响的六种教育干预方法加以陈述。它们分别是游戏干预、沙箱干预、行为教育干预、团体干预、家庭干预以及艺术干预。游戏干预通过游戏活动教育干预学前儿童的行为，它可以是指导性的或非指导性的。前者由教育干预者承担指导和说理的责任，本节介绍了基于精神分析理论的游戏教育干预。后者将主要责任留给学前儿童承担，本节也将加以探讨。沙箱干预是在欧洲发展起来的一种干预。本节将介绍这种方法的发展历程、具体过程和教育干预者的表现及分析的规则。本节着重于对行为教育干预的具体方法的介绍，逐一探讨了阳性强化法、消退法、暂时隔离法、矫枉过正法和厌恶干预、代币方案、示范干预、实践脱敏法。团体干预，从定义、适用范围、实施条件、实施环境等方面进行考察。家庭干预是近几年已被用于学前儿童心理教育干预而且效果较好的方法。艺术干预主要是以提供艺术素材、活动经验等作为教育干预的主要方式。这里将介绍这些干预的理论依据、教育干预的过程和教育干预的多样性。

一、游戏干预

游戏干预，是借游戏活动达到教育干预学前儿童行为的目的，是一种常用而且有效的心理干预。

（一）游戏干预的原理

游戏干预是基于学前儿童身心发展特点开展活动。

1. 游戏是学前儿童的基本活动

由于学前儿童有意注意时间短，容易受环境各种因素的干扰，自我表达的能力较低，缺乏领悟等心理干预所必需的内省能力，因此，对他们实施以论述为主的心理教育干预是较为困难的。游戏是学前儿童的基本活动，学前儿童在游戏中可以自然地暴露其内在的心理冲突以及用语言所不能表达的情绪情感。

2. 游戏是学前儿童的自发活动

教育干预者通过对学前儿童游戏的观察，可以发现游戏究竟是自发的还是受约束的，是有目的的还是漫无目标的，是建设性的还是破坏性的。游戏教育干预为学前儿童提供了机会，让学前儿童在游戏中自发地、自然地表现出自己的感受和问题，这就好比在其他的心理干预中让成人“说出”自己的问题。由于教育干预者信奉的理论不同，在游戏教育干预中所运用的具体方法会有差异。但是，有一个基本前提是一致的，那就是学前儿童在游戏中会流露出个性的一些重要方面，因此通过对游戏活动的观察，可以发掘学前儿童所存在问题的实质。

人们对于游戏教育干预的效果存在不同的看法。有人认为，游戏本身的教育干预作用是次要的，而在教育干预者与学前儿童之间建立起良好的关系，以及通过游戏使教育干预者了解学前儿童所存在问题的性质才是主要的；有人则认为，游戏教育干预除了以上作用外，还具有心理疏导作用。

游戏教育干预可以是指导性的或非指导性的，前者由教育干预者承担指导和说理的责任，后者则将主要的责任留给学前儿童自己。

（二）非指导性游戏教育干预

亚瑟兰（Axline）推行了一种非指导性游戏教育干预，它是由人本主义理论和人本主义心理学家罗杰斯在20世纪30年代创立的“来访者中心教育干预法”发展而来的。

1. 理念及方法

（1）理念。

人本主义心理学家们相信，人的心理失调和异常行为是由自我实现的可能性受到阻碍和受限于人类需要的低级水平而产生的。人本主义心理教育干预者不以探求无意识记忆或者改变对刺激的反应的方式去纠正异常行为，而是相信教育干预对象有自我导向的能力，能进行自我教育干预。他们认为，人的行为取决于自我理解和自我指导，并相信意识的力量比无意识的力量更为重要。罗杰斯的“来访者中心干预”是人本主义心理干预中应用最为广泛的一种。

（2）尊重教育干预对象。

在教育干预过程中，教育干预者既不通过劝告或消除疑虑以直接影响教育干预对象，也不向他们提出直接的问题，而只是为教育干预对象提供一种温和、信任的气氛以及完全能接纳的情境，耐心地听取教育干预对象所述的一切。教育干预对象可以表达自己的情绪，尤其是那些他们害怕引起麻烦或遭到别人拒绝而一直隐藏的情绪，也可以去做自己想做一切事情，而不用担心受到责备或惩罚。在这样一种教育干预情境中，教育干预对象会以积极的方式看待自己的情绪和欲望，达到更高水平的自我理解和自我接纳。这种教育干预方法的成效，并不依赖于教育干预者所受的训练或掌握的技巧，而主要是与教育干预者的态度有关，即要求教育干预者无条件地尊重、同情和谅解教育干预对象，对他们表现出极大的热忱。

（3）营造良好的心理氛围。

非指导性游戏教育干预为学前儿童提供了一个经验成长的最有利的环境，而游戏是学前儿童可借以自我表现的最自然的媒介。在游戏中，学前儿童成了真正的主人，没有人来批评他，强制他做这做那，无须与同伴竞争，也不受成人的干扰或成为他们受挫折时被发泄和攻击的对象。对于参加游戏教育干预的学前儿童来说，这是一种新的经验和挑战。最初，学前儿童会显示出困惑或怀疑，当他们发现教育干预者对他们绝对信任和友善，他们所说的和所做的一切都能被接受时，他们会把真实的自我完全开放，把累积的挫折感、紧张感、不安全感、困惑、恐惧、攻击的欲望等等都在游戏中表现出来。

（4）诱发学前儿童的自发行为。

当教育干预对象把这些有碍于成长的情绪从阴影下解放出来时，他们才能面对它们，进而学习控制。非指导性游戏教育干预并不试图让学前儿童认识其自身的问题，也不向学前儿童指出哪些行为应该改正或用符合成人要求的行为取代。教育干预者相信，不是由学前儿童自己选择而产生的行为，通常不容易被学前儿童接受，有时还会遭受到反抗。相反，通过游戏教育干预，学前儿童获得了情绪上的松弛，就会认识自己的力量，由自己做出选择和决定，从而实现自我。一些在非指导性游戏教育干预中受益的学前儿童并不清楚这是一个教育干预过程，而只是把它当成一种自由游戏。在游戏中，学前儿童的基本需要得以满足，无须历经重重挫折就能实现自我。这种在心理上自由的学前儿童比成天陷于压力和挫折的学前儿童更容易产生建设性的态度，更能发挥自己的创造力。

2. 环境布置

游戏教育干预可在特设的游戏室或活动角进行，在游戏室或活动角放置各种玩具和材料。在玩具和材料不充足的情况下，至少应有做娃娃家游戏的家具和玩偶、沙、黏土、蜡笔、颜料、图画纸、玩具枪、电话等等。玩具和材料的结构要简单，功能多变，易于为学前儿童所把握。例如，沙是学前儿童攻击性游戏的良好媒介，学前儿童可以将娃娃和其他玩具埋在沙里，也可以将沙当作“雪”“水”“掩埋的泥土”“炸弹”。沙子的用途可以随着学前儿童的想象而发生变化。

3. 遵循的原则

教育干预者与学前儿童同在游戏室或活动室内，教育干预者的角色虽然是非指导性的，但并不是被动的，而是要使自己保持完全的接纳态度，克制自己不要在学前儿童游戏或谈话时插入任何直接的建议或暗示。亚瑟兰提出在游戏教育干预时教育干预者必须遵循以下八个原则：

（1）必须与学前儿童建立亲近、友善的关系；

（2）必须接纳学前儿童真实的一面；

（3）应宽容学前儿童，使学前儿童能自由表达自己的感受；

（4）要善于识别学前儿童所表达的感受，并以能让学前儿童领悟自己行为的方式把这些感受反馈给学前儿童；

（5）要尊重学前儿童解决自己问题的能力以及做出选择和着手改变的行为；

（6）不要指导学前儿童的行为或谈话；

（7）不要急于抓教育干预的进度；

（8）只能规定一些必要的限制，这些限制为的是使教育干预符合真实生活以及让学前儿童认识自己在教育干预关系中应负的责任。

4. 教育干预方式

非指导性游戏教育干预可以集体教育干预或个人教育干预的方式实施。

（1）集体教育干预。

集体教育干预过程由于增加了参与者之间的交流和互动，会使教育干预过程更具真实性，因为学前儿童在现实生活中必须与其他学前儿童交往和相互作用。

（2）个人教育干预。

一般而言，个人教育干预对于解决由学前儿童本身的情绪而产生的问题比较有效，而集体教育干预则对那些有社会适应困难的学前儿童较为有效。

5. 实施技巧

由教育干预者直接参与学前儿童间的游戏活动，与学前儿童建立亲密关系，缓和学前儿童紧张的情绪，淡化接受调查或商谈的意识，学前儿童能够坦白叙述其生平行为，教育干预者从中发现问题行为的根源，以便对症施策，达成教育干预或矫正效果。

实施游戏干预，必须注意下列技巧：

(1) 判断教育干预对象是否适用现行的游戏干预；(2) 辨别学前儿童问题行为的真正原因；(3) 捕捉学前儿童出现问题行为的时机（以 2～3 个月以内者，实施“游戏干预”效果最为显著）；(4) 探讨有无恶劣的家庭因素，阻碍“游戏干预进行”；(5) 学前儿童家长必须与教育干预者密切合作，增进教育干预效果；(6) 游戏教育干预活动必须生动有趣，并且为学前儿童所欢迎；(7) 游戏干预所使用的材料、道具，必须符合学前儿童的年龄与生活环境；(8) 应随时详细记录教育干预对象的谈话、行为；(9) 游戏教育干预活动必须在轻松愉快的气氛中进行；(10) 游戏教育干预活动尽量让教育干预对象自由表现，不宜限制任何言行。

游戏教育干预，可广泛应用于学前儿童，尤其以“自导自演”的戏剧活动的教育干预效果最佳。

案例：

6 岁的安安被她的父母送去教育干预，因为她拒绝去幼儿园。事件起因是安安早上没能准时上学时，爸爸变得非常不耐烦。他越是催她，安安越手忙脚乱，最终躲到浴室哭。妈妈试图同安安交流而导致安安错过了校车。爸爸因此生气地对妈妈和安安大吼，并且暴风雨似的出了门。那个时候安安非常苦恼，并拒绝去幼儿园。妈妈感到很内疚，留在家里陪着安安。

针对上述案例进行了以下活动干预：

第一阶段：在游戏中，安安选择了一只小狗代表自己，妈妈选择了一只猫，而爸爸选择了看起来很严酷无情的大猩猩。随着故事的展开，大猩猩试图控制局势，告诉猫和小狗该怎么做。小狗跑开了，而猫不知道该怎么办。大猩猩朝着猫吼叫时，小狗回来了，并且安慰伤心的猫。在处理这个游戏的最后，教育干预者问了家庭成员一些问题，如当小狗跑开了，猫和大猩猩有什么感受？当大猩猩袭击猫时，小狗感觉怎样？如果你是大猩猩你会有什么感受？在你身上是否发生过类似的事情及当那些事情发生时你有什么感受？通过这一点，教育干预者可以挖掘家庭成员的基本情绪。

第二阶段：教育干预者组织家庭成员运用不同的角色进行木偶游戏。首先，爸爸扮演小狗，妈妈扮演猫，安安扮演大猩猩。然后，妈妈扮演小狗，爸爸扮演大猩猩，安安扮演猫。最后，妈妈和爸爸转换身份（妈妈扮演大猩猩，爸爸扮演猫），而安安仍然是小狗。游戏中角色的转换使父母从安安的角度感受她对父母行为的反应，就像安安站在父母的角度来看待这些事情一样。通过游戏，安安开始交流她的需要和感受，父母对学前儿童的需求和欲望也有了更清晰的认识。因此，家长开始使用讨论和商量的方法解决与学前儿童之间的问题，以更好地满足他们的需求和欲望。此外，家长也可以通过与学前儿童商量，满足自己的需求和欲望，如用更合适的方式表达他们的愤怒或悲伤。安安和她的父母通过木偶游戏找到了解决问题的新方法。大猩猩表示愿意更耐心地对小狗和猫。当小狗跑开时，大猩猩不再朝猫吼叫，而是表达了他的忧虑并和猫一起去寻找小狗。当他们找到她时，小狗非常高兴并拥抱猫和猩猩。大猩猩把小狗背在背上，他们一起回家了。

第三阶段：家庭成员从木偶游戏里得到解决问题的新方法，并由此使他们改变了早上的例行公事。爸爸早一点儿起床并心平气和地帮助安安准备好上学的东西。然后，家庭一起吃一个简短的早餐。离开时，爸爸像一个“和蔼”的大猩猩把“小狗”背到前门并给她一个吻，直到看着她的校车离去（父母之前没有这样做，因为他们以前认为安安是一个“大”女孩）。这种方式使安安感到从家里到幼儿园的转换更安全了，她的幼儿园恐惧也迅速消退了。

二、沙箱干预

沙箱干预是在欧洲发展起来的一种心理法，先后在瑞士、日本和美国等得到发展和推广。20 世纪 90 年代起，沙箱干预开始在中国引起心理学工作者的广泛兴趣。

（一）沙箱干预的方法

沙箱干预的方法，是指让来访的学前儿童从玩具架上任意挑选玩具摆放在盛有细沙的箱子里，完成后由咨询者分析创作的作品。

1. 材料

（1）沙箱。

沙箱内侧的尺寸为 57×72×7（cm），外侧涂深颜色或木本色，内侧涂蓝颜色。之所以要规定以上的尺寸，是考虑到将箱子摆放在像腰部一样高时，沙箱总体可以置于视野之内。沙箱内侧之所以要涂成蓝色，是为了使人感到挖沙子会挖出“水”，而这种感受是很重要的。

沙箱干预初期往往使用茶色粗沙、细沙及白沙 3 种，也有使用茶色和白色 2 种的。有的时候，考虑到丰富多彩的表现，也会使用不同种类的沙子，比如用白色的沙子可以表现雪、霜等。必要时可将沙子适当弄湿，这样可以用来做沙丘、山等。或者准备 2 种沙子，一种是湿沙，一种是干沙，让来访的学前儿童自己挑选。

（2）其他材料。

必须准备的玩具有娃娃、动物、树木、花草、各种车船、飞行物、建筑物、桥、栏杆、石头、怪兽等。

以上所列玩具并非一次必须准备齐全，可以一点一点地积累。哪怕玩具很少，有时也可以反映学前儿童的心态。

2. 指示词

在实施沙箱干预时，只需要发出这样的指示词——“请用沙子和玩具，在箱子里做个什么，做什么都可以”。一般来说对学前儿童不需要什么说明，他（她）就会马上做起来的。如果有的学前儿童问“动沙子也可以吗?”“只放动物也可以吗?”的话，和所有的投影法测试一样，只需回答“你想怎么样都可以”或“你按自己的想法去做就可以了”。无论怎样，必须给学前儿童自由表现的机会。

3. 记录和提问

有的来访的学前儿童会一边解释一边摆放，对此都应予以记录。放玩具的顺序也要记录下来。

作品完成以后，可询问："这是什么呢？请说明一下。"来访的学前儿童一般都会这样那样进行说明。一般情况下，我们不再进一步询问来访的学前儿童，因为不适当的询问有可能破坏既已形成的咨访关系或教育干预关系，歪曲教育干预和咨询的流程。当然，若有费解或不明白的地方时，也可询问："这是什么呢?""这个是什么意思呢?"但一般来说，不过多询问为好，以免让来访的学前儿童感到咨询者太啰唆，会对以后再做时产生负面影响。

沙箱干预也必须坚持保密原则，拍摄照片或记录保存都需得到来访学前儿童（制作者）的同意。

（二）沙箱分析

如前所述，沙箱干预特别强调教育干预者（咨询者）与来访学前儿童之间的信任关系。这一干预不是心理测试，而是教育干预方法，要求教育干预者在使用沙箱干预时与心理教育、游戏干预同样具有接纳和理解的态度。

来访学前儿童在制作的过程中，教育干预者需要在旁边陪着并采取始终接纳、移情的态度，尽可能去把握作品中的表现。

1. 分析的规则

需要注意的是，尽可能不局限于分析来访学前儿童的一件作品。也就是说，把来访学前儿童的每次作品保存、记录下来，分析时注意作品所出现的变化、相互联系、发展的可能性等。

对沙箱的表现进行分析时是有一定规则的，现简单归纳如下，以供参考。

（1）整合性。

在分析沙箱的作品时，对作品的整体感受、印象是关键。所谓整合性，应包括作品的均衡性、丰富程度、细致程度、流动性、生命力等。也就是说，整个作品中分散的、支离破碎的、杂乱无章的、贫乏的、机械的、固定的成分少。

（2）空间配置。

所谓空间配置，是指在分析来访学前儿童作品时沙箱空间的左右配置、玩具的摆设状况。根据传统的空间象征理论，无论是人物画测试、还是树木绘画测试及其他的绘画测试，在所给予的空间里，左和右意味着无意识和意识、内部世界和外部世界，上和下意味着精神和肉体、未来和过去、父亲和母亲等。根据经验，我们往往将沙箱作品的左侧看作人的内在世界、无意识的世界，将右侧看作外在世界、意识世界。当然这并不是绝对的，也有例外的情况，这里所强调的是，基于以上象征理论来分析，比较容易理解沙箱作品。也有将左右对应为过去和未来、父亲和母亲的看法，但我们一般不在沙箱干预中考虑。

一般来说，将山、森林、佛像、神像、寺庙、神社、教堂等表示人的无意识"深层"部分的东西配置在左侧的倾向较强。在从内在世界向外在世界、过去向未来的新的可能性开发过程中，往往使用沙箱左下角的情况较多。左下角往往意味着可能性、发展的源泉。

2. 玩具摆放的分析

将玩具摆放在沙箱之外意味着什么呢？首先要看是在什么时候将玩具摆在沙箱之外的。在沙箱内完成作品之后，又将玩具摆放在沙箱外，可能说明其存在模糊，对自己来讲，意味着难以容忍的心理内容。这种例子一般极少，但也有那种极端的例子，如将一只狮子摆在外面，或将一个人放在沙箱之外，而还留着一条腿架在箱沿上等。

学前儿童在摆放玩具时摆边移动，将玩具从沙箱内移动到沙箱外玩，这往往反映了学前儿童自我的界限尚不确定。将范围扩张到箱外，可能具有一种超越自我所能把握的范围去表现自己的危险性，需教育干预者加以注意。而不愿将玩具摆放在沙箱内，只将玩具摆在沙箱周围，有时反映了对表现自我的一种恐惧和不安。

3. 主题的分析

沙箱中的作品往往表现某一主题。有时只是一件作品，而有时则可能通过一连串的作品去反映某一主题，其主题的中心则往往是对自我产生的意象。

沙箱干预作为心理干预的一种方法，无论是在其理论、方法还是事例研究等方面都有了较好的发展。沙箱干预特别适合在学前儿童游戏干预、语言表达较差的来访学前儿童的咨询和教育干预中使用。

案例：

6 岁的小男孩明明，在幼儿园不和小朋友一起玩，性格孤僻。给他玩具、黏土什么的，他只一个人玩，玩水、沙子、水管和筒子之类的可以玩很长时间，不看人。他不会用代名词，听到童谣会焦躁不安，怕见陌生人，怕去陌生的地方。对东西撒漏很敏感，无表情、目光呆滞，拒绝看任何事物。

教育干预者对明明进行了一系列连续性教育干预。在第一次教育干预时，教育干预者和明明一起走进有沙箱的房间，他有些胆怯，没什么表情，弯着身子，重心前倾。教育干预者按照沙箱干预的程序开始让他用架子上的玩具在沙箱里摆弄。他眼睛盯着白纸架子上的玩具，旁若无人地尖声叫道："看，好多小东西!"然后拿起小汽车，让它在沙子上从左到右滚动，在沙子上留下一道道圆弧痕迹。明明的手和嘴也不停，手指微颤，一边说"挖挖挖"，一边用僵直的手不停地刨着沙子，然后再埋上，又将沙子抚平。其间，他一边笑，一边频繁地拨掉手上的沙子，还多次把双脚上的袜子往上拉。他一边说，一边把车依次排好，模仿车子开动的声音，还哼着歌，完全沉浸在他的游戏中。他还不断将沙子堆起又推平、弄散，这时候当他看见很少的沙子从沙箱的小缝隙散落在地板上时，他开始故意将沙子散落在地板上，两手将撒落在地板上的沙子一圈圈铺开，在上面玩车。教育干预者制止他，并告诉他到此结束，他老老实实停下来，面无表情地从房间走了出去。

分析：

(1) 初步判断明明患有自闭症伴随语言障碍。自闭症的起病比较早，一般在 2 岁半前就发病，其临床表现是社会交往障碍、言语以及认知障碍、行为活动异常，有的还会伴随情绪障碍。

（2）在进行沙箱干预过程中，明明说话的主语时而是“他”时而是“你”，无法判断到底说的是谁。他继而将做的东西破坏掉然后又开始重复这些动作，他开始拿着汽车按顺时针转圈意味着“中心化”的开始，圆运动通常可理解为心理学上的无意识运动，“中心化”现象则意味着与人的内在力量，进而他的嘴里念叨着“挖挖挖”，挖沙子可以理解为深入内心世界的动作，用指尖在沙子上横划竖划表现出他无法集中的支离破碎的心理动作。在此期间，他一个人说、唱、笑，让人觉得他与外界毫无关系，完全处于另外一个虚空的世界。他能敏感地察觉到沙子掉到地板上，并且表现出很执着的样子，而他在幼儿园里很少和小朋友交流，在教室里也不同大家一起活动，被认为是最棘手的孩子。在很多方面可以看出他的自闭倾向。

三、行为教育干预

行为教育干预又称行为矫正，是运用行为主义刺激-反应学习原理以改变或消除不良行为或症状，并塑造适应社会的良好行为的心理教育干预方法，在学前儿童心理教育干预中已被最广泛地运用。

（一）学前儿童行为教育干预的内容

行为教育干预包括一系列的教育干预方法，如阳性强化法、消退法、暂时隔离法、矫枉过正法和厌恶干预、代币方案、示范干预、实践脱敏法等，它们被用于解决学前儿童的各种问题。一般而言，学前儿童行为教育干预主要包含四个方面的内容：

（1）帮助学前儿童学会某些技能。例如，教会学前儿童控制大小便、学会穿衣服和用餐等。

（2）增加学前儿童的某些行为。例如，鼓励孤独不合群的学前儿童与其他学前儿童一同游戏，加强其社会交往活动等。

（3）减少学前儿童的某些行为。例如，通过教育干预，减少学前儿童的攻击性行为和社会退缩行为等。

（4）改变学前儿童的某些行为，使之切合时间、地点等不同情境。例如，纠正学前儿童随地大小便、吃饭时边吃边玩等不适于场合的行为。

在进行行为教育干预时，首先要选定需要教育干预的靶子行为。如果学前儿童有多种问题行为，则每次教育干预重点解决一个问题。在教育干预过程中，应先矫治容易纠正的行为，再逐步矫治较难纠正的行为，并根据行为矫正的巩固情况，逐步增加需要矫治的行为。教育干预时，应根据教育干预者、学前儿童、行为特点等不同的因素选择和运用行为教育干预的方法。

（二）行为教育干预的具体方法

强化是行为干预中最常用的方法。

1. 阳性强化法

阳性强化法主要的理论依据是操作性条件反射原理，即在一种行为之后，继之以强化（奖赏），可以增加这种行为的发生。此外，也可通过增加相拮抗的行为来减少不良行为。阳性强化法常可与矫枉过正法、消退法、惩罚法等合并使用，用于教育干预学前儿童的多种问题行为和心理障碍，如遗尿、大便不能控制、执拗行为、选择性缄默症等。

阳性强化法强调，行为重视的可能性依赖于它的结果。因此，当学前儿童学会一种新的正确的行为，或者当要求学前儿童巩固刚习得的新行为时，或者让学前儿童通过巩固某种行为而使另一种相拮抗的不良行为得到减弱时，就应选择适当的强化物和强化时间，运用适当的方法使学前儿童建立期望的行为。

（1）强化物。

一般而言，强化物有四种：

1）由他人提供的具体（物质的）强化物，如糖果、金钱等；

2）由他人提供的非具体（社会性的）强化物，如微笑、拥抱、鼓励、表扬等；

3）由自己提供的具体强化物，如让自己轻松地玩乐一番等；

4）由自己提供的非具体强化物，如自我表扬、自我欣赏等。

运用强化物时，应遵循相倚规则，就是在学前儿童完成某种特定的行为以后，随之而来的必然是某种特殊的结果。在教育干预前就与学前儿童订立口头的“协议”，让学前儿童明确教育干预者期望他们做些什么以及在完成后会获得怎样的结果。强化物必须是明确的，而不是笼统的。例如，教育干预者可对学前儿童说“你这样做很好，因为你能与其他小朋友轮流玩积木”，而不是说“你是个好孩子”。

（2）强化时间和强化率。在教育干预过程中，不同的强化时间和强化率会产生不同的结果。

1）强化时间。

在学前儿童建立条件性反应之前，不应给予强化，而在操作性条件反应建立时，及时强化比延缓强化更为有效。由于在现实生活中，强化并非总是及时获取的，因此，在教育干预过程中，要逐渐减少强化，使学前儿童逐渐地适应现实生活。

2）强化率。

强化率可以根据教育干预过程的实际需要而确定。例如，可以规定学前儿童在一定间隔时间后做出反应才给予强化，或者规定学前儿童在每个第 n 次反应后做出反应才给予强化，也可以规定给予的强化率随教育干预的要求而发生变化。为了尽快建立良好行为，摒弃不良行为，在教育干预的最初阶段给予较高频率的、连续的强化是十分必要的。以后，为了鼓励学前儿童在得不到强化或者只有很少强化的情况下仍能继续坚持已经建立的行为，应逐渐减少强化频率，使强化时断时续地出现。

（3）强化的实施。

阳性强化法远非只是把糖果、奖品等分发给学前儿童那么简单，它需要根据学前儿童的情况以及其他许多因素决定应该如何实施。

1）强化物的变化。

使用单一的强化物会使学前儿童感到腻烦，从而失去奖励的价值。因此，当某种强化物已不起作用时，应立即给予一个更为有效的强化物，有时可以同时提供多种强化物，让学前儿童随意挑选。

强化物对学前儿童的效力随学前儿童个人爱好、处境以及强化历史的不同而不同。例如，对于经常遭受挫折的学前儿童，成功产生的强化作用具有很大的价值，而对于经常获得成功的学前儿童，表扬和鼓励没有多大的强化作用，相反，偶尔的失败对其却有很大的刺激作用。因此，在计划运用强化物时，应注意谨慎地选择强化物。

2）强化源。

在实施过程中，有时常需安排一个以上的强化源。例如，安排父母、兄长、亲戚、教师、医生等人为强化源。这些人步调一致，只有当学前儿童做出被期望的反应后才及时给予强化，绝不破例。

通过阳性强化，应使学前儿童最终学会强化自己。由学前儿童自己提供的强化物往往比由他人提供的强化物具有更高的强化价值，从而使学前儿童达到自我指导的目标。

2. 消退法

在行为教育干预中，经常采用消退法减少或消除不良行为。所谓消退，指的是撤销促使某些不良行为的强化因素，从而减少这些行为的发生。与阳性强化法一样，消退法依据的也是操作性条件反射原理。

（1）适用范围。

消退法常被用于教育干预学前儿童的多种问题行为，如攻击行为、暴怒发作、多动症等。与阳性强化法同时使用，教育干预的效果更为理想。

（2）应注意的问题。

在采用消退法开始教育干预时，学前儿童不良行为的发生频率和强度均可能明显增加，并会伴随一些情绪反应。因此，对于有严重攻击行为、破坏行为或自虐行为的学前儿童，在采用消退法时应特别谨慎，必要时不予采用。

案例：

威廉斯（Wiliams）报告采用消退法矫正一名21个月的孩子的暴怒发作行为，该学前儿童在睡眠前只要父母离去，他就大发脾气，哭闹不休，以至于父母不得不陪伴他1～2小时，直到他熟睡后才离去。用消退法进行教育干预时，父母照旧将他放在床上，但是告诉孩子他们不再陪伴他睡觉了，然后离去，不再进屋。第1天，该学前儿童哭闹的时间长达50分钟之久；第2天，哭闹的时间就缩短到15分钟之内；第10天晚上，哭闹行为就完全消失了。教育干预期间，由于其姑母偶然插手安抚而使哭闹行为出现反复，但由于继续教育干预，这个影响被迅速消除，追踪2年，其暴怒发作行为一直没有复发。很显然，父母对孩子的陪伴是他暴怒发作的强化物，教育干预中撤除了这种强化，就使这种不良行为得以消除。

哈特（Hart）等人同时运用消退法和阳性强化法，成功地纠正了两个学前儿童的好哭行为，即在他们哭泣时，教师不给予注意（消退），相反却注意和鼓励他们所表现出来的一些良好行为（阳性强化）。

3. 暂时隔离法

暂时隔离法也是一种依据操作性条件反射原理的行为教育干预方法，指的是将阳性刺激物暂时隔离，以达到纠正不良行为的目的。

暂时隔离法与消退法不同。运用消退法进行心理教育干预时，撤除的强化物是那些对不合适行为具有特别维持作用的强化物，而暂时隔离法则将教育干预时学前儿童身边的大部分强化物都暂时撤离。

（1）实施过程。

在采用暂时隔离法之前，应先向学前儿童提出警告，如若学前儿童置警告于不顾，再给予实施。将学前儿童暂时隔离的环境应该是安静的，不含有其他阳性刺激物。例如，将学前儿童暂时关禁闭的房内不应摆设玩具和书籍，不应有开向街道的窗口，也不应有其他人的谈话和工作。否则，学前儿童可能从这些新的强化物上得到乐趣，而不将关禁闭视作惩罚。又如，最好不要将学前儿童关在他自己的房间里，否则会使他产生不愉快的联想。

对于学前儿童，暂时隔离的时间一般为3～5分钟。有时，在真正执行隔离前，只要向学前儿童发出口头警告，就可以制止学前儿童的不良行为。暂时隔离法在实施过程中会使部分学前儿童产生强化的情绪反应，如大哭大闹、动手打人等等。除少量特别严重的学前儿童外，可坚持按教育干预程序实施。

（2）应注意的问题。

暂时隔离法可以单独采用，也可以与其他行为教育干预方法同时使用特别适宜干预学前儿童的暴怒发作、攻击行为、执拗行为、破坏行为等。暂时隔离法简单易行，如果运用恰当，很有成效。在施行教育干预时，注意不要将学前儿童禁闭在黑暗的或者带有恐怖色彩的地方，否则，可能会产生其他不良后果。

4. 矫枉过正法和厌恶干预

矫枉过正法和厌恶干预都是根据操作性条件反射原理而建立的行为教育干预方法，对某些不良行为采取惩罚措施，以减少不良行为的发生。

（1）矫枉过正法。

1）恢复原状性矫枉过正法。

这种方法要求学前儿童动手消除自己的不良行为给环境造成的不良影响，还要求把环境安排得比以前更好一些。例如，学前儿童把积木撒了一地，那么首先要求他（她）把自己乱丢的积木整理好，然后再要求他（她）把活动室内其他的玩具和材料都整理好并归入原处。这样做不仅是为了让学前儿童认识到必须对自己的不良行为负责，而且能帮助学前儿童培养良好的行为习惯。

2）阳性练习矫枉过正法。

这种方法主要运用于那些对环境并无很大影响，无须采取恢复措施的情况。例如，对于一个坐不住的学前儿童，要求他（她）规规矩矩地坐下，而且端坐的时间要求越来越长。又如，对于手有刻板动作的自闭症患儿，要求他（她）双手练习恰当的动作。在施行阳性练习矫枉过正法教育干预时，要对服从安排、认真执行的学前儿童给予奖励，教育干预者较多采用的是口头表扬等社会性奖励的方法。

3）适用范围。

矫枉过正法可以用于干预学前儿童的攻击行为、破坏行为、自虐行为、刻板动作等。此外，对精神发育不全等学前儿童的行为障碍也有疗效。福克斯（Fox）等人曾采用此法教育干预学前儿童的遗尿症，即每当学前儿童遗尿时，要求他（她）自己更换衣裤，并练习如何正确地小便。经过10次训练，学前儿童遗尿的情况减少了97%。也有报道称采用此法成功地矫治了学前儿童头部摇晃、头部碰撞、咬人、摔东西等不良行为。

（2）厌恶干预。

厌恶干预是指当某种不良行为出现时，附加一个令人厌恶的刺激，从而使这种行为减少的方法。近年来，由于专业和非专业人员抵制，这种干预的运用已经减少。

1）矫枉过正法和厌恶干预的区别。

矫枉过正法和厌恶干预都是采取惩罚的手段以矫治学前儿童行为的教育干预方法。但是，矫枉过正法不会使学前儿童产生肉体上的不适和痛苦，较少引起学前儿童的反感，而且还有助于培养学前儿童的良好行为。厌恶干预运用的刺激比较强烈，在矫枉过正法等其他方法对矫治学前儿童行为无效时可以试用。但是，这种方法的教育干预效果往往不持久，还可引起不良的情绪反应，因此不宜采用。

2）应注意的问题。

总的说来，对学前儿童施以惩罚，必须慎之又慎。尽管惩罚措施在一定的情况下可以减少不良行为，而且严厉的惩罚比温和的惩罚在压制行为方面更有效，但是，行为的改变能持续多长时间是很成问题的，而且还会产生一些有害的作用。成人对学前儿童的惩罚行为会给学前儿童提供不良的示范作用，还可能引起产生像恐惧、紧张、退缩等不良情绪，而且惩罚有时不能消除不良行为，只能延缓这些行为的发生。因此，在决定采用惩罚手段时，应当考虑是否可采用其他的矫治方法；如果必须采用惩罚措施时，也要权衡利弊，掌握分寸，避免由此而带来的破坏性后果。

5. 代币方案

代币方案先规定某些目标行为，然后用代币奖励强化这些行为，学前儿童所获得的代币到了一定的时候可以折换成各类强化物。代币方案可用于个人教育干预，也可用于集体教育干预，它常被用于教育干预攻击行为、破坏行为、多动症、情绪障碍等。

基本步骤如下：1）确定矫治的目标行为；2）确定实质性强化措施的性质，比如用代币可换取什么物品或参加哪些活动；3）让教育干预对象懂得代币具有实际价值；4）确定在完成各项目标行为时给予多少代币和发生不良行为时是否要扣回代币，并确定代币和实际强化物之间的转换关系。

根据个体或集体教育干预对象需矫治和培养的行为，可以制定具体的代币方案，并按基本步骤加以实施。

案例：

6岁的小飞在家非常懒惰，父母想通过代币方案训练他干家务，于是拟定了一个代币交换系统。父母告诉小飞，每当他完成一件家务后，就可以获得一定的代币数，代币可以用来交换不同的强化物（见表6-1）。

表 6-1　　小飞的代币交换系统

我的日常工作表	代币数
①早晨铺好床	1
②晚餐后抹桌子	1
③给花浇水	2
④晚上把玩具放在抽屉里	2
我的报酬表 （我赚的代币可以用来交换下列物品或活动）	
①看最喜欢的电视节目一小时	4
②去吃麦当劳	20
③获得一把玩具枪	25
④获得一块巧克力	2
⑤去游乐场	40
⑥短途旅游两天	120

6. 示范干预

示范干预是依据观察学习原理发展的一种行为教育干预方法。通过观察学习，看到别人的所作所为，受到共鸣性影响而获得良好的行为，减少和消除不良行为。示范干预常用于教育干预学前儿童的多种问题，如社会退缩行为、恐怖症、语言发展迟缓等。示范干预可用于个体，也可用于集体。当学前儿童观察一种被渴望的新行为模型，在与集体中其他成员的相互作用中表现出这种行为，这种方法叫作角色扮演。实践表明，如果学前儿童与所示范的行为模型容易取得一致时，示范干预就很有效果。因此，所示范的模型在年龄、性别以及其他特征方面应尽可能与学前儿童保持一致。

7. 实践脱敏法

实践脱敏法是一种逐步消除不良条件情绪反应的教育干预技术，常被用于无法学会自我松弛，也不能对自己所恐惧的场景进行想象的学前儿童。实践脱敏法对教育干预学前儿童由于某些条件性情绪反应而引起的问题行为和心理障碍有较好的疗效。

（1）步骤。1）先将学前儿童感到恐惧或焦虑的场景分为若干等级；2）由轻至重分级地将可引起学前儿童恐惧或焦虑的刺激物呈现在学前儿童面前；3）在呈现刺激物之前或同时，给予学前儿童较强的阳性刺激物（如给予学前儿童喜爱的糖果等）。

（2）对教育干预者的要求。

行为教育干预是学前儿童心理教育干预中较受重视的一种方法。行为教育干预的治愈率很高，只要真正掌握它的理论和方法，行为教育干预都会有一定的疗效。

四、团体干预

所谓团体干预，顾名思义，某一个教育干预对象（包括学前儿童）在多数人的团体活动中施以训练或教育，达成教育干预效果；或集合问题行为发生原因相似、问题行为性质相近等多数教育干预对象（包括学前儿童），在同一环境中施以同样的训练方法。

团体干预与上述游戏干预一样，必须在自然环境中，尤其对退缩、缺乏自主性行为以及过分“受禁止”“被限制”的学前儿童，教育干预效果更好。

（一）实施条件

实施团体干预时，团体中成员的年纪必须相近。

（二）实施

团体干预一般适合在托幼机构中进行。因为在这些幼儿园、托儿所等团体生活当中，学前儿童跟同伴、朋友游玩接触的机会很多，对一个在家庭里受过保护、缺乏自主性，在外不知道如何跟同伴相处的学前儿童而言，团体干预更为有效。学前儿童在这些团体生活中，其生活习惯、人格也可获得发展。此外，这种干预对有食欲不振、睡眠阻碍等生理上、心理上不良适应的学前儿童均有作用。

（三）结果分析和处理

如一个问题行为学前儿童在此团体生活中反而未曾出现问题行为时，可以断定其问题出在家庭。家庭有问题时，必须对其家长（尤其是双亲）实施心理教育，使学前儿童的问题早日得到解决。这种团体生活训练，对缺乏自主性、社会性、耐心、耐力且有任性、自我观念太强、偏食、食欲不振、睡眠阻碍、口吃、夜尿、尿频等问题的学前儿童，效果尤佳。

（四）不完全故事

教育干预者将大团体分成由4～5个学前儿童组成的小组，并且提供不完全故事或者不完整句子作为小组讨论的材料。小组讨论结束之后，小组结论将在团体中进行交流和分享。对于学前儿童来说，可以对不完全故事进行大声朗读，或者通过手偶游戏加以表现。不完全故事必须反映生活的两难情景，必须依赖教育干预者和学前儿童的已有信息才能激发团体讨论。讨论不仅给学前儿童提供了认知整合的机会，还帮助学前儿童对于某些特定的问题和困难制定出相应的策略。另外应该注意的是，不完全故事所描绘的场景不能使团体中的某个学前儿童感到尴尬和威胁。以下是一些例子：

1. 一个人在家

我上大班了，有一次妈妈要出门，走之前让我把玩具收拾好。妈妈走后我就开始吃零食、看电视、玩玩具。过了一段时间，我听到门外妈妈的声音，但我还没有开始收拾玩具，我不知道该怎么做了。如果你是我，你会怎么做？

2. 我该分享吗？

我现在上中班，有一次我妈妈邀请我班里的几个小朋友到我家来玩。我家里有个很漂亮的娃娃，我很喜欢，就一直自己抱着玩，妈妈看到后，让我让给其他的小朋友玩。我很不高兴，我应该给他们玩吗？

3. 吃饭的时候

爷爷奶奶来我家，中午妈妈做了很多好吃的，有我最喜欢吃的大龙虾，当这盘大龙虾端上来时，我立马把它放在自己的面前。爸爸看到后提醒我，让我先给爷爷奶奶品尝。但是我很喜欢吃龙虾，我该怎么做呢？

五、家庭干预

近些年来，家庭教育干预已被用于学前儿童心理教育干预，而且效果较好。家庭教育干预的理论依据是，心理病理问题往往不仅是学前儿童自身的问题，还有家庭中的问题。

在家庭内部存在着内在的平衡关系，家庭中一个成员的行为会影响其他成员的行为。因此，学前儿童的问题心理行为实际上是家庭关系不和谐、不平衡的表现。只有当父母正视并解决自身的问题，学前儿童的问题才能完全得到解决，而解决父母的心理冲突对于解决学前儿童的问题能起很大的作用。如果只去消除学前儿童的问题行为，而不触及家庭中的潜在问题，那么学前儿童的行为也是改变不了的，还会使家庭病理在其他家庭成员身上表现出来。

这种理论认为，家庭结构内部的问题胜过个人的问题。因此，教育干预的目的在于改善家庭关系，如果家庭关系以及家庭成员之间的相互作用得到改善，由异常趋于正常，那么家庭成员的问题，包括学前儿童所表现的问题行为和心理障碍会自然减轻或消失。

（一）对象

家庭教育干预的对象是家庭的所有成员。有时，教育干预者还将有类似问题的家庭集在一起。由于这些家庭的境况相似，教育干预过程为这些家庭开辟了新的交往渠道，以提供社会性的支持来解决家庭中存在的问题，有利于各成员之间的相互帮助。

（二）教育干预者

教育干预时，通常由 2 名教育干预者承担教育干预任务，为的是就良好的协作关系做示范，也可相互监督，以免偏袒某一教育干预对象。

（三）主要解决的问题

教育干预主要解决的是家庭内部的问题，特别是家庭成员之间的关系问题。当家庭的全体成员都聚在一起时，由教育干预者指导和培养他们诚恳地与人交流以及对彼此之间的需求尽可能给予关注和满足的各种技能和能力，以求令人满意地解决家庭中的各种冲突，协调各种不正常的关系。近年来，依据不同心理学理论的家庭教育干预流派都致力于父母训练，特别是对母亲的训练，使父母能从心理教育干预的角度对子女施加影响，以保证学前儿童的行为改变能持久地保持下去，这种实施方法提高了家庭教育干预的效果。

案例：

小星 4 岁，提前了 4 个月上幼儿园，每天到幼儿园总是不愿进活动室，哭闹好一阵子。在幼儿园里喜欢独处，不让同伴碰他，也极少与其他学前儿童一起交谈和玩耍。常会做出一些奇怪的举动，比如，喜欢围着老师转，上课时站着，就是不愿意自己搬椅子坐，非要老师帮他搬好才肯坐下等等，自控能力也比较差。

通过和家长交谈，了解到因为小星的爸爸妈妈工作都很忙，平时全靠保姆照顾生活。即使周末，小星也看不到爸爸妈妈。

老师了解小星的问题症结后，请父母无论如何挤出周末的时间陪伴小星，同时，只要父母中有一方在家，当小星上幼儿园时，都要亲亲和拥抱小星。小星的奇怪举动减少了许多，跟同伴们一起游戏的时间多了起来。

干预方法之一：家庭配合教育干预。

家庭是孩子的第一课堂，家庭教育在孩子的成长中影响很大。小星种种问题行为的根源就在家庭中。这需要家长对孩子的情感进行关注、补偿及引导。

(1) 给孩子温暖的拥抱。小星从小缺乏与母亲在身体上亲密接触的温存感，因此会在老师的身上出现“靠在老师的身上，手在老师的脖子上摸来摸去，头也会贴在老师的胸口上”的表现。因此我们建议小星的爸爸妈妈平时不管工作有多忙，每天都要抽空拥抱小星，并告诉小星“爸爸妈妈是爱你的”，让小星真切地感受到父母的爱。另外还要多给予小星温柔的目光和鼓励性的眼神，帮助小星克服自卑和对环境的恐惧，培养小星看着别人的眼睛说话的习惯。

(2) 陪伴孩子。虽然爸爸妈妈的工作特别繁忙，但是为了小星，一定要抽时间陪伴小星，哪怕是和小星一起看看电视，或是和小星一起在院子里走一走。也可以利用休息时间给小星讲讲故事、说说话，或来幼儿园接小星回家等。

(3) 为孩子创造与人交往的机会。平时父母可以带小星一起去走亲访友，使他学到的交往技能在平时的生活中有锻炼的机会，使他有机会内化这些社会交往的经验。在这些活动中，父母能逐步教给小星更多的交往技能，培养小星大胆、开朗的性格。

六、艺术干预

艺术教育干预是指运用绘画、音乐、舞蹈、雕塑等艺术形式对学前儿童进行教育干预的方法。在具体实施时，是通过艺术媒介来实施心理教育干预，让人通过口语、非口语的表达及艺术创作的经验，去探索个人的问题及潜能，以协调解决个人内心世界和外在世界间的冲突，令两者更趋一致。

在绘画与教育干预结合的过程中，差不多在同一时期，逐渐兴起了音乐教育干预、舞蹈-运动教育干预、戏剧教育干预等其他一些艺术教育干预的形式。虽然各种艺术形式运用于心理教育干预的起始年代不容易分出绝对的界限，但是运用绘画作为心理教育干预的媒介可以说是最早的艺术教育干预形式。现在狭义的艺术教育干预就是包括绘画、黏土创作在内的教育干预。这些教育干预方式因为其媒介具有非抽象性，也很贴合学前儿童的生活，所以是学前儿童心理教育的重要方式。

(一) 学前儿童期的艺术表达阶段

大多数艺术教育干预家都认为，学前儿童的艺术教育干预发展要经历不同的阶段。奥顿(Orton)提出大多数学前儿童的艺术发展要经历5个阶段：涂鸦阶段、图像阶段、人像画阶段、现实主义表现阶段、自然主义表现阶段。其中，属于学前儿童期的就是涂鸦阶段和图像阶段。

1. 涂鸦阶段（2～5岁）

大约2岁时，学前儿童开始涂鸦。他们一有机会就试图用笔在纸上涂鸦，或是用蜡笔在墙上涂，用棍子在泥里搅和，在沙子里玩玩具，用粉笔在水泥地上画画等等。在2～4岁期间，学前儿童随意的涂鸦开始成形；2～3岁时，学前儿童开始进入画轮廓的阶段，正是在这个阶段，他们画圈，画方形、三角形、十字形等；学前儿童在3～5岁时开始画人像。

2. 图像阶段（4岁或5～7岁）

4～6岁期间学前儿童进入“准图像期”，5～7岁期间进入“图像期”。前期的画只能简单表示人物、动物、树等，而从后期的画中，成人很容易识别出一些熟悉的事物。学前儿童的第一幅人像画往往看上去很奇怪，比如头上长出圆圆的身子，胳膊、身体有些部分被歪曲和省略等等。

（二）艺术教育干预在学前儿童心理教育干预中的价值

对学前儿童来说，绘画、捏黏土等是表达个性、独特性和创造性的一种有趣的方式，也最容易为学前儿童所接受和采纳，它们为学前儿童提供了一个表达内心积极和消极情感的出口。

1. 艺术教育干预在与学前儿童建立教育干预关系中的价值

（1）有利于教育干预者与学前儿童建立良好的教育干预关系。

艺术的方式往往可以帮助教育干预者打破开始的沉默，在非语言的情境下开展交流；同时，也能营造一种安全可靠、自由表达的氛围。学前儿童在这种氛围中可能会冒着危险表露个人那些先前被认为是消极的方面。冒险揭露自我是迈向正视问题、解决问题的重要一步。

（2）有利于教育干预者为学前儿童提供安全的教育干预环境。

通过艺术这一媒介，教育干预者能更好地向学前儿童传达信任、接受、交流、理解等信息，为学前儿童提供一个安全的教育干预环境。

2. 艺术教育干预在学前儿童教育干预中的诊断价值

（1）评估学前儿童的需要。

学前儿童通过特殊的艺术表达方式告诉教育干预者一个关于他们的故事，他们通过选择创作绘画的过程、作品，表达积极和消极的想法和情感。作为评估过程的一部分，教育干预者应该观察学前儿童绘画的颜色、信息和主题，并观察学前儿童绘画时的情感，密切关注他们言语的或非言语的表达。

（2）利用测验工具搜集诊断信息。

在艺术教育干预中，可以利用一些正式的绘画评价工具来搜集对诊断有价值的信息，常用的工具有画人测验、动态“房—树—人”测验、家庭动态图等。需要注意的是，这些评估工具需要教育干预者接受过特殊的培训，知道如何管理和解释这些绘画。

3. 艺术教育干预在学前儿童心理教育干预中的教育干预价值

（1）艺术创作过程本身可以帮助学前儿童宣泄、释放情绪。

艺术创作过程是一个很好的情绪释放途径，它让学前儿童有机会倾吐消极情感并重新开始。例如，原本要跟人打架的学前儿童通过绘画可以表达他们的生气、愤怒、敌意、沮丧和拒绝，他们可以发泄掉这些情绪而不用真正在情感上或身体上伤害别人。

（2）艺术干预活动可以促进学前儿童成长，使其各方面的能力得到提升。

在艺术创作过程中，教育干预者帮助学前儿童自发地表达情感和冲突并鼓励解决矛盾，无论是有关过去的、现在的，还是未来事件的积极或消极的情感，学前儿童都能表达并可能由此学会控制。艺术干预还可以使学前儿童提高自尊，改善学习经验或者情绪管理技巧，发展社会技能。此外，学前儿童可以在绘画材料中表达他们固有的无限创造力，探寻多种解决问题的办法，并且表达冲突，进而尝试各种办法解决冲突。

（三）对艺术作品和创作过程的解释

为了有效地运用未组织的艺术进行交流，重要的是必须明确如何看、看什么、找什么看以及如何找到现象以外的意义。一般认为，对学前儿童艺术活动的解释包含了学前儿童对于艺术表达方式的选择、创作艺术的过程和最终艺术作品的内容与形式。

1. 教育干预者的策略和技巧

学前儿童与教育干预者交流的内容大多数具有象征意义，并在创作过程和最终绘画作品的形式、内容中表达出来。因此，解释学前儿童绘画的关键在于聆听学前儿童“艺术话语”，仔细观察学前儿童的言语和非言语的举止，通过直觉猜测他们艺术作品的含义。

（1）倾听。

倾听学前儿童的“艺术话语”，教育干预者可以找到通往无意识的通道，了解学前儿童的冲突、防御、应对风格以及和家人、朋友、同伴交往情况。为了理解学前儿童的视角，教育干预者要注意“倾听”学前儿童的表达，注意他们的说话方式和内容。

倾听学前儿童表达的总体“风格”也很重要，这些风格包括说话的形式、质量、语速、强度、重音和清晰度。注意学前儿童说了什么，是怎么说的。比如，一个5岁的男孩在一个母亲形象周围画了一圈“心”，然后在心上戳很多洞，并说起和母亲的一次参观经历，从这个男孩的绘画和言语中可以获知他对母亲的感觉。“她（母亲）爱我，她恨我，她爱我，她恨我，然后她又爱我……”

（2）观察。

观察是在解释时的一种关键性策略。身体语言、脸部表情、手势和对教育干预者的亲近等非言语交流的方式，显示出很多关于学前儿童及其冲突的信息。教育干预者应当观察学前儿童对绘画材料有什么样的反应，选择何种艺术表达方式并如何操作，以及他们如何把艺术材料联系起来。还应当观察学前儿童创作过程的步骤，注意个体的节奏、速度和活力水平。

（3）直觉的猜测。

学前儿童的艺术是他们在特定时刻的所想、所知、所感，画出来的是隐藏着象征意义的“片刻真实”。根据这些象征意义很容易做出各种各样的解释，要做出相当准确的猜测，教育干预者必须理解学前儿童及其所持观点，要与学前儿童共情，理解他们的语言、动作、智力、情感、社会性发展、兴趣、人际关系和冲突。而且教育干预者应该对与先前猜想相矛盾或证实先前猜想的其他可能性和新信息始终持开放的态度。要确切地判断学前儿童想说什么往往比较困难，因为这很大程度上有赖于他们的年龄、发展水平、过去的经历以及他们对事件的理解力。

2. 对创作过程的解释

艺术创作中的五种活动对艺术教育干预过程相当重要，包括前期的准备工作、情绪发泄、防御式的绘画、以画代言、艺术表达。这五种活动不是严格区分的，学前儿童可能从前期好玩的准备工作进行到艺术表达，也可能从艺术表达倒退到情绪发泄水平，倒退到强迫性防御的水平，然后又回到正式的、有创造性的水平。

（1）前期的准备工作。

这时，学前儿童为有创造性的艺术表现做准备，他们通常会涂涂擦擦，探究艺术材料的类别和用途。学前儿童通过检查艺术材料来找感觉，并选择自己觉得愉快的表现方式。涂鸦是艺术的建构之一，因此它是一个重要的、必要的和积极的过程。

（2）情绪发泄。

情绪发泄是指学前儿童倒出或者泼洒颜料，敲打材料发出声音，抛扔、揉捏橡皮泥等，这些行为表明，被压抑的情绪得到释放或者失去控制，这是在安全环境中释放情绪的一个途径。

（3）防御式的绘画。

防御式的绘画是指当学前儿童无法在自己的作品中自由表达情绪时的行为。当他们想对自己的冲突和消极情绪做出防御时，就可能刻板地临摹、描绘轮廓，重复没有新意的普通图案。例如，明明小心翼翼画了一个长方形，在此基础上画了一根旗杆，又画出旗子的主要特征，加了三朵乌云，还加了一笔熊熊燃烧的火焰。教育干预者注意到他沮丧和生气的情绪，他接下去似乎要传达某种信息。然而，如果明明把画笔局限在旗子上，而不愿描绘其他的事物，尤其是那笔后加的“火焰”，那么教育干预者就无法从这幅画面上找到突破性的话题。

（4）以画代言。

以画代言是指以图画或模型来代替或者补充语言，这是学前儿童与教育干预者之间一种特殊的交流方式，别人是不容易理解的，这种交流方式随着教育干预关系的发展进一步完善。

（5）艺术表达。

艺术表达指的是最终画出完整的美术作品来表达自我、与人交流，这是学前儿童所思、所感和所知的具有象征意义的表现方法。

学前儿童选择艺术表现材料的类型和他们所使用材料的方式很能说明他们的个性、应对风格以及他们的情感类型和情感强度。例如，有些学前儿童喜欢画手指画时把颜料擦在自己的衣服上，弄得到处都是；有些则愿意安静地待着，尽量不使用颜料画或者手指画。有些学前儿童喜欢摸一摸所有的东西，探究一下每种材料的用途，或者弄得一塌糊涂；有一些则可以用相同的材料画上几个星期，他们会仔细地选用一些蜡笔、彩色铅笔或者只用钢笔和墨水。

3. 对作品形式的解释

在艺术会谈过程中，教育干预者有机会倾听学前儿童的表达以及观察最终艺术作品的形式。在解释形式时，教育干预者可能还要回答下面关于学前儿童艺术的问题：这是整洁的还是乱糟糟的？这是完成的还是未完成的作品？作品是黑色的还是彩色的？整幅画是画在纸张的一角还是占了整个画面？是不是有些部分被遮住了或者被涂乱过？图画中有没有人物？如果有，是很大还是很小？回答这些问题给艺术教育干预者提供了学前儿童所思、所感的线索。图案在纸上的位置、完成情况及和谐状况都属于需要关注的画面构成情况。此外，学前儿童绘画作品的线条、明暗、颜色可以显示出学前儿童动作、智力、情感和社会化发展等情况。

4. 对作品内容的解释

学前儿童常常以掩饰的方式表达自己，因此有必要使用三种基本方法来解释艺术作品的内容。

（1）表层内容，指表面的话题或主题以及抽象的观念。

（2）关联性内容，指在作品创作过程中和完成后画面突出的形象和有关作品的故事。

（3）潜在的或者象征性内容，指被歪曲的地方，包括夸张和省略、学前儿童没有说出来或者没有被学前儿童的意识所察觉。

（四）艺术教育干预的过程

艺术教育干预的过程主要包括准备和实施两大步骤。

1. 艺术教育干预的准备

（1）选择创作材料。

场所：艺术教育干预最好有一间独立的房间，里面有洗涤槽、围裙、画架和易清洗的桌子。如果没有游戏室，可以把材料放到一间安静的房间或办公室。

材料：各种颜色和尺寸的蜡笔，颜料（绿色、蓝色、黄色非常普遍，但紫色、黑色和棕色需要在沮丧的时候使用），水彩笔（又叫魔术笔，学前儿童喜爱闻起来有水果味而无毒的那种），黏土（橡皮泥）和游戏用的生面团、各类纸张，纸张包括供手指画用的特殊纸张、各种颜色的折纸和可以画画的纸，剪刀、糨糊、胶水和其他任何学前儿童“需要”用来讲述故事的东西。

（2）注意事项。

1）准备一个进行艺术教育干预的独立空间。

2）把艺术变成学前儿童教育干预中的一个比较自然的组成成分。在与来访学前儿童第一次接触后，就要向他以及他的父母或者老师介绍这一干预及其价值。

3）要让学前儿童清楚地明白，虽然这一干预是通过艺术的形式进行，但跟有没有艺术天分无关，也就是说，画得好不好不重要。

4）要申明，绘画作品要保密，未经学前儿童本人同意，不给他人看，包括父母和老师。如果作品被用于研究或出版，要隐去来访学前儿童的真实姓名。

5）要考虑艺术作品的保存问题，是留在咨询室还是让学前儿童带回家。

2. 艺术教育干预的实施

成功实施艺术教育干预的关键在于很好地把握每一阶段的教育干预目标以及在每一阶段仔细选择符合教育干预进程和来访学前儿童需要的指导语。通常运用绘画教育干预应该包括下面三个阶段：

（1）初始阶段艺术教育干预。

初始阶段的目标与学前儿童建立良好的教育干预关系，向学前儿童介绍艺术作品是用来沟通的工具。许多学前儿童通常会觉得自己不被接受，因此教育干预者尤其需要为学前儿童提供一个接受的、不做判断和理解的环境。在初始阶段，绘画指导语应是开放式的，鼓励学前儿童通过艺术作品介绍自己。有些指导语因为反映学前儿童的一些问题，因此要让学前儿童觉得安全才可以用。合适的指导语可以包括：

> 请画出你自己。
> 用画讲一个故事。
> 画出一件最近发生的令你不开心的事，并画一些你希望有的改变……

有时候，教育干预者也可以要求学前儿童给教育干预者画像，因为来访学前儿童会观察这个来帮助自己的成人的各种特点和行为，教育干预者从画中可以了解学前儿童是如何看待心理医生和教育干预过程的，并根据这些信息建立与学前儿童之间的信任关系。教育干预者对艺术活动要表现出积极的兴趣。在初始阶段，打断和过分的干预不利于建立良好的关系。像“说说你画的是什么”这样的话已经足够了。初始阶段，教育干预者接受来访学前儿童所有的举动是非常重要的，哪怕是充满敌意或者有着防备心理的举动。教育干预者的交流要依赖于艺术创作活动，分享艺术传达出来的信息要以适合来访学前儿童的进度进行。在这个过程中，教育干预者要传达这样一个信息：在绘画教育干预中，画画没有好坏之分，怎么画都没有关系。

（2）探索阶段。

这一阶段的目标是逐渐加强学前儿童在探索问题时的自我表达。在教育干预者的带领下，学前儿童可以开始探索情感、想法和行为。指导语要关注在评估学前儿童发展阶段、防御方式、问题行为的严重程度时所遇到的困难。教育干预者也应当根据学前儿童之前所画的作品使用指导语，以鼓励学前儿童对图案进行探索并进行自我表达。比如，与其要一个学前儿童描绘他（她）对家人有多愤怒，还不如让他（她）说一说跟某个人的关系或者说出一件与某人之间发生的令他生气的事情，因为单纯描述愤怒或生气可能让他（她）不知道怎么去表达。在这个阶段可用的指导语有：

> 画一幅画来表示你为什么要来这里。
> 画一幅画表示你家里的沟通情况。
> 画出和小朋友在一起时的你，然后画出独处时的你。

当学前儿童画完作品后，教育干预者的第一个问题一般可以是“跟我讲讲你的画”。在问其他问题前，要给学前儿童足够的时间以发表他们自己的看法。然后再问他们作品中反映出的但没有解释的问题。问其他问题是让学前儿童对所画的画进行更深的探索。这一阶段也可以把所画的作品同过去的作品进行比较，讨论相似之处和不同之处。教育干预者可以这样提问：

> 跟我说说你画的这个形象。
> 你画的这个人在想什么？做什么？他有什么感受？
> 这幅画表达的是什么心情？

教育干预者在这个阶段的作用是让来访者尽可能地探索。

（3）采取行动阶段。

艺术教育干预时探索阶段和采取行动阶段的界限常常很模糊，教育干预者和学前儿童可能在一次会谈中使用同一幅绘画作品进行探索和采取行动。采取行动阶段的目标包括继续自我表达、整合应对技术以及找到适合新的行为方式的问题解决策略。这个阶段的绘画指导语要帮助来访学前儿童树立改变的目标，并建立可以达到目标的行为模式。最后，绘画可以用来评估教育干预的进展并巩固改变。这个阶段有一些特殊的指导语，比如：

> 画一画你希望发生的也确实发生了的改变，哪怕这一改变只发生了一点点。
>
> 画一座桥，表明你现在的位置，还有，当咨询结束时你将会在什么位置。在你前进的道路上碰到了什么困难，克服困难需要做出什么样的努力。

最后阶段的过程更为具体和特殊，因而指导语应该针对不同的学前儿童选择适合其年龄的表述方式。此外，团体绘画咨询还应当包括学前儿童自愿向同伴展示自己的画，并让同伴相互讨论每一幅展示的作品。以“作画”“解释画”“听取他人对画的理解”三个过程，促进学前儿童的“思考—生产—回顾—对照—反省”等一系列思维过程。

这部分所提到的技术只有在充分尊重学前儿童个性和需要的前提下才有功效，这些技术不能随意或单独使用，而应整合到某个周密的教育干预计划中加以运用。任何方法的选择和安排，还有绘画活动的选择，取决于特定学前儿童或团队的需要。如果给予足够的行动自由，学前儿童会向教育干预者显示出他们什么时候准备好了从某种活动中受益。

思考与练习

1. 学前儿童心理教育的特征有哪些？对学前儿童进行教育干预时的注意问题有哪些？
2. 简述逻辑结果方法的精髓所在和规则的保证。
3. 试论有效的沟通分析方法。
4. 完整教育干预中有哪些技巧？如何运用？
5. 优势强化干预的基本理念是什么？
6. 简述艺术创作中的五种活动。
7. 非指导性游戏教育干预的技巧有哪些？
8. 沙箱干预的发展过程中具有重要作用的人物有哪几个？
9. 简述沙箱干预中对空间配置问题的分析和解释。
10. 对学前儿童进行行为教育干预的重要内容是哪四个方面？
11. 具体的行为教育干预方法有哪几种？简述暂时隔离法和消退法的区别。
12. 简述矫枉过正法和厌恶干预的联系和区别。
13. 实践脱敏法的主要实施步骤是什么？
14. 简述团体干预的定义和实施条件。
15. 在家庭干预的过程中主要解决的问题是什么？

阅读导航

1. WINKELSTERN J A，JONGSMAAE，J R. 儿童早期教育心理干预治疗方案

［M］. 李茹，译. 北京：人民卫生出版社，2007.

2. 林德. 在游戏中发展儿童：以游戏为基础的跨学科儿童干预法［M］. 陈学锋，江泽菲，等译. 上海：华东师范大学出版社，2008.

3. 肖科夫. 儿童早期干预手册：理论、策略和应用［M］. 赵斌，李欢，胥兴春，等译. 北京：高等教育出版社，2016.

4. 张英萍. 儿童心理危机干预：理论、策略和应用［M］. 北京：中国社会科学出版社，2015.

5. 蒙田. 论儿童教育［M］. 马振聘，译. 上海：上海人民出版社，2016.

参考文献

［1］贾伟廉．健康教育学［M］．北京：人民卫生出版社，1988.

［2］黄帝内经素问［M］．北京：人民卫生出版社，1963.

［3］章颐年．心理卫生概论［M］．北京：商务印务馆，1936.

［4］BURRELL C D，SHEPS C G. Primary Health Care in Industrialized Nations［M］．New York：The New York Academy of Science，1978.

［5］傅宏．儿童心理咨询与治疗［M］．南京：南京师范大学出版社，2007.

［6］朱智贤．儿童心理学［M］．北京：人民教育出版社，2009.

［7］刘文．幼儿心理健康教育［M］．北京：中国轻工业出版社，2008.

［8］李燕．学前儿童发展心理学［M］．上海：华东师范大学出版社，2008.

［9］WEAVER I C G，CERVONI N，ChAMPAGNE F A，et al. Epigenetic Programming by Maternal Behavior［J］．Nature Neuroscience，2004，7（8）.

［10］郑晓边．现代学校卫生学［M］．长沙：湖南教育出版社，1997.

［11］北京师范大学公共课《心理学》编写组．心理学［M］．北京：北京师范大学出版社，1984.

［12］陈家麟．学校心理卫生学［M］．北京：教育科学出版社，1991.

［13］俞国良．现代心理健康教育：心理卫生问题对社会的影响及解决对策［M］．北京：人民教育出版社，2007.

［14］周念丽．学前儿童发展心理学［M］．上海：华东师范大学出版社，2006.

［15］郑雪，刘学兰，王玲．幼儿心理健康教育［M］．广州：暨南大学出版社，2006.

［16］顾荣芳．学前儿童卫生学［M］．南京：江苏教育出版社，2006.

［17］马华．儿科疾病［M］．北京：军事医学科学出版社，2005.

［18］胡仪吉．儿科疾病［M］．北京：科学技术文献出版社，1998.

［19］JOVANOVIC T，RESSLER K J. How the Neurocircuitry and Genetics of Fear Inhibition May Inform Our Understanding of PTSD［J］．Am J Psychiatry，2010，167（6）.

［20］柳树森．全纳教育导论［M］．武汉：华中师范大学出版社，2007.

［21］黄红．儿童情绪障碍及其他常见心理行为障碍［J］．实用儿科临床杂志，2006（23）.

［22］夏海鹰. 心理健康教育课程问题探究［M］. 北京：中国人事出版社，2004.

［23］马建青. 心理健康与心理咨询论丛［M］. 杭州：浙江大学出版社，2004.

［24］王金道. 心理健康教育与心理辅导［M］. 合肥：安徽大学出版社，2003.

［25］郑雪. 人格心理学［M］. 广州：暨南大学出版社，2007.

［26］樱井素子，张日昇. 在澳大利亚某重度语言障碍学校进行箱庭疗法的尝试：爱玩砂的8岁男孩的箱庭疗法过程［J］. 心理科学，1992（4）.

［27］范翠英，江新. 学前儿童心理咨询［M］. 合肥：安徽人民出版社，1998.

［28］翁晖亮. 孩子们的“心病”：学前儿童心理咨询手记［M］. 上海：复旦大学出版社，1994.

［29］布查尔特. 艺术治疗实践方案［M］. 孟沛欣，韩斌，译. 北京：世界图书出版公司，2006.

图书在版编目（CIP）数据

学前儿童心理健康与教育/周念丽编著. —北京：中国人民大学出版社，2019.6
21 世纪学前教师教育系列教材/朱家雄总主编
ISBN 978-7-300-26995-5

Ⅰ.①学… Ⅱ.①周… Ⅲ.①学前儿童-心理健康-健康教育-幼儿师范学校-教材 Ⅳ.①B844.12

中国版本图书馆 CIP 数据核字（2019）第 097002 号

21 世纪学前教师教育系列教材
总主编　朱家雄
学前儿童心理健康与教育
周念丽　编著
Xueqian Ertong Xinli Jiankang yu Jiaoyu

出版发行	中国人民大学出版社		
社　　址	北京中关村大街 31 号	**邮政编码**	100080
电　　话	010－62511242（总编室）		010－62511770（质管部）
	010－82501766（邮购部）		010－62514148（门市部）
	010－62515195（发行公司）		010－62515275（盗版举报）
网　　址	http://www.crup.com.cn		
经　　销	新华书店		
印　　刷	天津鑫丰华印务有限公司		
开　　本	787 mm×1092 mm　1/16	**版　　次**	2019 年 6 月第 1 版
印　　张	11.25	**印　　次**	2024 年 8 月第 5 次印刷
字　　数	250 000	**定　　价**	28.00 元